21世纪软件工程专业规划教材

软件测试
（第2版）

周元哲　编著

U0249249

清华大学出版社

北京

内 容 简 介

本教材较全面涵盖了当前软件测试领域的专业知识,追溯了软件测试的发展史,反映了当前最新的软件测试理论、标准、技术和工具,展望了软件测试的发展趋势。本教材分为主、辅教材,《软件测试》为主教材,包括软件测试概论、软件测试基本知识、黑盒测试、白盒测试、软件测试流程、性能测试、软件测试自动化和软件测试管理等内容。《软件测试习题解析与实验指导》为辅教材,给出了习题解析,并对软件测试实验进行了指导操作。

适合作为高等院校相关专业软件测试的教材或教学参考书,也可以供从事计算机应用开发的各类技术人员应用参考,或作为全国计算机软件测评师考试、软件技术资格与水平考试的培训资料。

图书在版编目(CIP)数据

软件测试/周元哲编著. —2 版. —北京:清华大学出版社,2017(2024.6重印)
(21 世纪软件工程专业规划教材)
ISBN 978-7-302-47329-9

Ⅰ. ①软… Ⅱ. ①周… Ⅲ. ①软件-测试-高等学校-教材 Ⅳ. ①TP311.5

中国版本图书馆 CIP 数据核字(2017)第 115874 号

责任编辑:张 玥
封面设计:常雪影
责任校对:李建庄
责任印制:沈 露

出版发行:清华大学出版社
　　　　网　　　　址:https://www.tup.com.cn,https://www.wqxuetang.com
　　　　地　　　　址:北京清华大学学研大厦 A 座　　　　邮　　编:100084
　　　　社　总　机:010-83470000　　　　邮　　购:010-62786544
　　　　投稿与读者服务:010-62776969,c-service@tup.tsinghua.edu.cn
　　　　质 量 反 馈:010-62772015,zhiliang@tup.tsinghua.edu.cn
　　　　课 件 下 载:https://www.tup.com.cn,010-83470236
印 装 者:北京嘉实印刷有限公司
经　　销:全国新华书店
开　　本:185mm×260mm　　　印　　张:9.75　　　字　　数:237 千字
版　　次:2013 年 9 月第 1 版　　2017 年 8 月第 2 版　　印　次:2024 年 6 月第12次印刷
定　　价:35.00 元

产品编号:074447-02

前言

本书第 1 版自 2013 年出版以来,深受广大读者的欢迎。经过近几年的教学实践,本书在继承原教材通俗易懂,易于学习的基础上,进行了如下修订。

(1) 软件测试是一门理论与实践紧密联系的课程,直接关系到学生的理论分析能力和综合动手能力的培养。本教材以软件测试技术为主要研究对象,介绍了软件测试的基本理论和基本软件测试工具。

(2) 本教材分为主、辅教材,《软件测试》为主教材,包括软件测试概论、软件测试基本知识、黑盒测试、白盒测试、软件测试流程、性能测试、软件测试自动化、软件测试管理。《软件测试习题解析与实验指导》为辅教材,给出了软件测试习题解析,并对软件测试实验进行了指导操作。

软件测试的先导课为计算机导论、程序设计语言、离散数学、软件工程等课程。软件测试理论较繁杂,让学生在实践中学习理论知识,并用理论知识指导实践,是这本书的写作目的。本书主要使学生掌握软件测试的基本原理、基本方法、基本技术、基本标准和规范,培养学生的合作意识和团队精神,提高学生软件测试的综合能力。

西安邮电大学计算机学院的王曙燕、邓万宇、孟伟君、舒新峰、张昕对本书的编写给予了大力支持,并提出了指导性意见,西北工业大学郑炜、南京大学陈振宇、上海睿亚训软件技术服务公司王磊、韩伟,以及清华大学出版社张玥编辑对本教材的写作大纲、写作风格等提出了很多宝贵的意见。本书在写作过程中参阅了大量中外文专著、教材、论文、报告及网上资料,由于篇幅所限,未能一一列出。在此,向各位作者表示敬意和衷心的感谢。

本书内容精练,文字简洁,结构合理,综合性强,主要面向软件行业初、中级读者,由"入门"起步,侧重"提高"。特别适合作为高等院校相关专业软件测试的教材或教学参考书,也可以供从事计算机应用开发的各类技术人员应用参考,或作为全国计算机软件测评师考试、软件技术资格与水平考试的培训资料。

由于作者水平有限,时间紧迫,本书难免有不足之处,诚恳期待读者的批评指正,以使本书日臻完善。我的电子邮箱是 zhouyuanzhe@163.com。

编者
2017 年 3 月

目 录

CONTENTS

软件测试概论

本章介绍了软件的发展历史、软件项目和软件过程,软件测试的由来,软件测试与软件开发的关系,软件缺陷,软件测试行业以及测试认识的误区等内容,为学习后续知识作必要准备。

1.1　软　　件

软件是一系列按照特定顺序组织的计算机数据和指令的集合。一般来讲,软件分为编程语言、系统软件、应用软件和介于这两者之间的中间件。其中系统软件为计算机使用提供最基本的功能,但是并不针对某一特定应用领域。而应用软件则恰好相反,根据用户和所服务的领域,不同的应用软件提供不同的功能。

一般认为,软件包括如下内容:

(1) 运行时,能够提供所要求功能和性能的指令或计算机程序集合。

(2) 程序能够满意地处理信息的数据结构。

(3) 描述程序功能需求、程序如何操作和使用所要求的文档。

1.1.1　软件发展史

20 世纪 50 年代初期至 60 年代中期是软件发展的第一阶段,又称为程序设计阶段。此时硬件已经通用化,而软件的生产却是个体化。软件产品为专用软件,规模较小,功能单一,开发者即使用者,软件只有程序,无文档。软件设计在人们的头脑中完成,形成了"软件等于程序"的错误观念。

第二阶段从 20 世纪 60 年代中期至 70 年代末期,称为程序系统阶段。此时多道程序设计技术、多用户系统、人机交互式技术、实时系统和第一代数据库管理系统出现,出现了专门从事软件开发的"软件作坊",软件被广泛应用,但软件技术和管理水平相对落后,导致"软件危机"的出现。软件危机主要表现在以下几个方面。

(1) 软件项目无法按期完成,超出经费预算,软件质量难以控制。

(2) 开发人员和开发过程之间管理不规范,约定不严密,文档书写不完整,使得软件维护费用高,某些系统甚至无法进行修改。

(3) 缺乏严密有效的质量检测手段,交付给用户的软件质量差,运行中出现许多问题,甚至带来严重的后果。

(4) 系统更新换代难度大。

第三阶段称为软件工程阶段,从 20 世纪 70 年代末期至 80 年代中期,微处理器的出现、分布式系统的广泛应用,使得计算机真正成为大众化的东西。以软件的产品化、系列化、工程化和标准化为特征的软件产业发展起来,软件开发有了可以遵循的软件工程化的设计准则、方法和标准。1968 年,北大西洋公约组织的计算机科学家在联邦德国召开国际会议,讨论软件危机问题,正式提出并使用"软件工程"的概念,标志着软件工程诞生。软件工程涉及与生产软件相关的所有活动,包括计算机科学、管理学、经济学、心理学等,其研究的主要内容是如何应用科学的理论和工程上的技术来指导软件的开发,从而达到以较少投资获得高质量软件的最终目标。

第四阶段是从 20 世纪 80 年代中期至今,客户端/服务器(Client/Server,C/S)的体系结构,特别是 Web 技术和网络分布式对象技术飞速发展,导致软件系统体系结构向更加灵活的多层分布式结构演变,CORBA、EJB、COM/DCOM 等三大分布式的对象模型技术相继出现。2006 年,面向服务架构(Service-Oriented Architecture,SOA)作为下一代软件架构,采用"抽象、松散耦合和粗粒度"的软件架构,根据需求,通过网络对松散耦合的粗粒度应用组件进行分布式部署、组合和使用,主要用于解决传统对象模型中无法解决的异构和耦合问题。

至此,软件发展经历了从 Mainframe 结构、C/S 结构、浏览器/服务器(Browser/Server,B/S)多层分布式结构、SOA 的演变过程,整个软件系统变得越来越分散、越来越开放、越来越强调互操作性。

1.1.2 软件项目

软件项目是一种特殊的项目,具有如下特点。

(1) 知识密集型,技术含量高。软件项目是知识密集型项目,技术性很强,需要大量高强度的脑力劳动。项目工作十分细致、复杂和容易出错。软件项目不需要使用大量物质资源,而主要使用人力资源,因此人员的因素极为重要,项目团队成员的结构、技能、责任心和团队精神对软件项目的成功与否有着决定性的影响。

(2) 涉及多个专业领域,多种技术综合应用。软件项目属于典型的跨学科合作项目,例如,开发大型管理信息系统就需要项目成员具有行业的业务知识、数据库技术、程序设计技术和信息安全技术等多专业领域知识。

(3) 项目范围和目标的灵活性。随着项目的进展,客户需求可能会发生变化,从而导致项目范围和目标的变化。软件开发不像其他产品的生产,有着非常具体的标准和检验方法,软件的标准柔性很大,衡量软件是否成功的重要标准就是用户满意度,但用户满意度这个标准在软件开发前很难精确地、完整地表达出来。

(4) 风险大,收益大。由于技术的高度复杂性和需求等因素的不确定性,软件项目风险控制难度较大,项目的成功率较低,但是一旦某个软件产品获得成功,将会带来相对高额的回报。

(5) 客户化程度高。项目的独特性在软件领域表现得更为突出,不同软件项目之间的差别较大。软件开发商往往要根据客户的具体要求提供独特的解决方案,即使有现成的解决方案,也通常需要进行一定的客户化工作。

(6) 过程管理的重要性。软件项目需要对整个项目过程进行严格和科学的管理,尤其是对大型、复杂的软件项目。"质量产生于过程",必须监控软件开发的过程和中间结果。没有严格的过程管理,开发人员的个人能力再强也没有用。

1.2　软件过程

软件过程是当前软件管理工程的核心问题。下面将介绍当前较流行的软件过程。其中,统一软件过程(Rational Unified Process,RUP)是一种当前企业应用较多的典型的软件过程模式,它是迭代增量、以架构为中心、用例驱动的软件开发方法。而敏捷过程作为轻量级开发过程,具有 5 个价值观:沟通、简单化、反馈、勇气、谦逊。

1.2.1　RUP

RUP 是一种典型的软件过程模式,采用迭代增量式、以架构为中心和用例驱动的软件开发方法,以统一建模语言(Unified Modeling Language,UML)来描述软件开发过程。具体如下所示。

1. 软件生命周期的各个阶段

RUP 中的软件生命周期在时间上被分解为 4 个顺序的阶段,分别是初始阶段、细化阶段、构建阶段和交付阶段。每个阶段结束于一个主要的里程碑,每个阶段本质上是两个里程碑之间的时间跨度。在每个阶段的结尾执行一次评估,以确定这个阶段的目标是否已经满足,如果评估结果满意,允许项目进入下一个阶段。其中每个阶段又可以进一步分解迭代。一个迭代是一个完整的开发循环,产生一个可执行的产品版本,作为最终产品的一个子集,产品增量式地发展,从一个迭代过程到另一个迭代过程,直到成为最终的系统。

如图 1.1 所示,RUP 的过程用二维坐标来描述。横轴通过时间组织,是过程展开的生命周期特征,体现开发过程的动态结构,用来描述它的术语主要包括周期、阶段、迭代和里程碑;纵轴以内容来组织,是自然的逻辑活动,体现开发过程的静态结构,用来描述它的术语主要包括活动、产物、工作者和工作流。

2. RUP 的核心工作流

RUP 有 9 个核心工作流,分为 6 个核心过程工作流和 3 个核心支持工作流。尽管 6 个核心过程工作流可能使人想起传统瀑布模型中的几个阶段,但应注意迭代过程中的阶段是完全不同的,这些工作流在整个生命周期中一次又一次被执行。

1) 业务建模

业务建模工作流描述了如何为新的目标组织开发一个构想,并基于这个构想在业务用例模型和业务对象模型中定义组织的过程、角色和责任。

2) 需求

需求工作流的目标是描述系统应该做什么,并使开发人员和用户就这一描述达成共

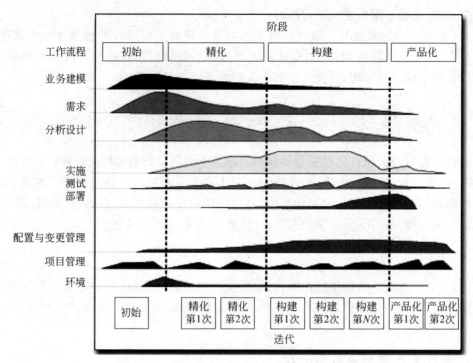

图 1.1　RUP 的过程图

识。为了达到该目标，要对需要的功能和约束进行提取、组织、文档化，最重要的是理解系统所解决问题的定义和范围。

3）分析设计

分析和设计工作流是将需求转化成系统的设计，为系统开发一个健壮的结构，使其与实现环境相匹配。设计活动以体系结构设计为中心，其结果是一个设计模型和一个可选的分析模型。设计模型是源代码的抽象，由设计类和一些描述组成。设计类被组织成具有良好接口的设计包和设计子系统，而描述则体现了类的对象如何协同工作实现用例的功能。

4）实施

实施工作流的目的包括以层次化的子系统形式定义代码的组织结构，以组件的形式（源文件、二进制文件、可执行文件）实现类和对象，将开发出的组件作为单元进行测试，集成单元使其成为可执行的系统。

5）测试

测试从可靠性、功能性和系统性的三维模型来进行。测试工作流要验证对象间的交互作用，验证软件中所有组件的正确集成，检验所有的需求已被正确实现，识别并确认缺陷在软件部署之前被提出并处理。RUP 提出的迭代方法是在整个项目中进行测试，从而尽可能早地发现缺陷，从根本上降低修改缺陷的成本。

6）部署

部署工作流的目的是成功地生成版本，并将软件分发给最终用户。部署工作流描述了那些与确保软件产品对最终用户具有可用性相关的活动,它包括软件打包、生成软件本身以外的产品、安装软件、为用户提供帮助。在有些情况下,还可能包括计划和进行 beta 测试版、移植现有的软件和数据以及正式验收。

7) 配置与变更管理

配置与变更管理工作流描绘了如何在多个成员组成的项目中控制大量的产物。配置和变更管理工作流提供了准则,以管理演化系统中的多个变体,跟踪软件创建过程中的版本。工作流描述了如何管理并行开发、分布式开发,如何自动化创建工程,同时也阐述了对产品的修改原因、时间、人员保持审计记录。

8) 项目管理

软件项目管理平衡各种可能产生冲突的目标、管理风险,克服各种约束,并成功交付使用户满意的产品。其目标包括为项目的管理提供框架,为计划、人员配备、执行和监控项目提供实用的准则,为管理风险提供框架等。

9) 环境

环境工作流的目的是向软件开发组织提供软件开发环境,包括过程和工具。环境工作流集中于配置项目过程中所需要的活动,同样也支持开发项目规范的活动,提供逐步的指导手册,并介绍如何在组织中实现过程。

3. 用例驱动是核心

"用例驱动"是指开发过程遵循如下流程:它将按照一系列由用例驱动的工作流程来进行。首先是定义用例,然后是设计用例,最后,用例是测试人员构建测试用例的来源。用例在驱动整个软件开发过程,并且必须与系统体系结构协同开发。也就是说,用例驱动体系结构,而体系结构反过来又影响用例的选择。因此,随着生命期的继续,体系结构和用例都逐渐成熟。软件系统的体系结构也应成为软件过程的工作核心。

在每次迭代中,开发人员识别并详细定义相关用例,利用已选定的体系结构作为指导,来建立一个设计,以组件形式实现该设计,并验证这些组件满足了用例。如果一次迭代达到了它的目标,那么开发过程就进入下一次迭代的开发了。当一次迭代没有满足它的目标时,开发人员必须重新设计并加以实现。

1.2.2　敏捷过程

为了克服传统的软件生命周期模型,如瀑布模型、螺旋模型等在现代软件产业方面的局限性,2001 年,在研讨软件过程未来发展趋势的会议上,17 位业界专家就什么是"敏捷"达成一致意见,成立了"敏捷联盟",并发布了《联盟敏捷宣言》(http://www.agilealliance.org/principles.html)。这份《联盟敏捷宣言》是"敏捷软件开发"价值和目标的浓缩定义,通过许多共同的原则进行了细化。敏捷开发过程的方法很多,主要有Scrum,Crystal,特征驱动软件开发(Feature Driven Development,FDD),自适应软件开发(Adaptive Software Development,ASD)以及最重要的极限编程(eXtreme Programming,XP)。

极限编程是敏捷方法中最著名的,于 1998 年由 Smalltalk 社群中的大师级人物 Kent

Beck 首先倡导的,由一系列简单却互相依赖的实践组成。

敏捷过程定义了一系列核心原则和辅助原则,为软件开发项目中的建模实践奠定了基石。《联盟敏捷宣言》制定的原则如下。

(1) 我们最优先做的是通过尽早、持续地交付有价值的软件来使客户满意。

(2) 在项目的整个开发期间,业务人员和开发人员必须天天在一起工作。

(3) 即使到了开发后期,也欢迎需求变化。

(4) 经常性地交付可以工作的软件。

(5) 可以工作的软件是主要的进度度量标准。

(6) 围绕被激励起的个体来构建项目。为他们提供所需的环境和支持,并信任他们能胜任工作。

(7) 最好的架构、需求和设计来自自组织的团队。

(8) 在团队内部,最有效果和最有效率的传递信息的方法是面对面的交流。

(9) 敏捷过程提倡可持续的开发速度。

(10) 不断地关注最优秀的技术和良好的设计能增强敏捷能力。

(11) 简单是根本的。

(12) 每隔一定时间,开发团队都会对如何能有效地工作进行反省,然后相应地对自己的行为进行相应的调整。

1.3 软件测试

1.3.1 测试历程

软件测试伴随着软件的产生而产生。早在 20 世纪 50 年代,英国著名计算机科学家图灵就给出了软件测试的原始含义。他认为,测试是程序正确性证明的一种极端实验形式。早期软件开发过程中,软件规模小,复杂程度低,软件开发过程相当混乱无序,软件测试含义也比较窄,等同于“调试”,目的是纠正软件的故障,常常由软件开发人员自己进行。测试主要针对机器语言和汇编语言,设计特定的测试用例,运行被测试程序,将所得结果与预期结果进行比较,从而判断程序的正确性。对测试的投入极少,测试的介入也晚,常常是等到形成代码、产品已经基本完成时才进行测试。

直到 1957 年,软件测试首次作为发现软件缺陷的活动,与调试区分开来。1972 年,北卡罗来纳大学举行首届软件测试会议,John Good Enough 和 Susan Gerhart 在 IEEE 上发表《测试数据选择的原理》,确定软件测试是软件的一种研究方向。1975 年,John Good Enough 首次提出了软件测试理论,从而把软件测试这一实践性很强的学科提高到了理论的高度。1979 年,Glenford Myers 在《软件测试艺术》一书中提出“测试是为发现错误而执行的一个程序或者系统的过程”。

20 世纪 80 年代早期,软件和 IT 行业进入了大发展时期,软件趋向大型化、高复杂度,软件的质量越来越重要。一些软件测试的基础理论和实用技术开始形成,软件开发的方式也逐渐由混乱无序的开发过程过渡到结构化的开发过程,以结构化分析与设计、结构化评审、结构化程序设计以及结构化测试为特征。软件测试的性质和内容也随之发生变化,测试不再是一个单纯的发现错误的过程,而是具有软件质量评价的内容。软件工程的概念逐步形成,软件开发模型产生。1983 年,Bill Hetzel 在《软件测试完全指南》中指出,测试是以评价一个程序或者系统属性为目标的任何一种活动,是对软件质量的度量。IEEE 给软件测试定义为"使用人工或自动手段来运行或测定某个软件系统的过程,其目的在于检验它是否满足规定的需求或弄清预期结果与实际结果直接的差别。"这个定义明确指出,软件测试的目的是为了检验软件系统是否满足需求,软件测试不再是一次性的,也不只是开发后期的活动,而是与整个开发流程融合成一体。

20 世纪 90 年代,随着面向对象分析和面向对象设计技术的日渐成熟,面向对象软件测试技术逐渐受到人们重视。1989 年,Fiedler 从面向对象的测试与传统测试的不同点出发,提出了面向对象单元测试的解决方案,从而开始了面向对象软件测试的研究工作。1994 年 9 月,Communication OF ACM 出版了面向对象的软件测试专集,涉及了类测试、集成测试和面向对象软件的课测试性等问题。

1996 年,测试能力成熟度、测试支持度、测试成熟度等一系列软件测试相关理论提出。到了 2002 年,Rick 和 Stefan 在《系统的软件测试》一书中对软件测试作了进一步描述:测试是为了度量和提高软件的质量,对软件进行工程设计、实施和维护的整个生命周期过程。近 20 年来,随着计算机和软件技术的飞速发展,软件测试技术的研究也取得了很大突破。许多测试模型(如 V 模型等)产生,单元测试、自动化测试等方面涌现了大量的软件测试工具。在软件测试工具平台方面,商业化的软件测试工具,如捕获/回放工具、Web 测试工具、性能测试工具、测试管理工具、代码测试工具等产生很多,一些开放源码社区中也出现了许多软件测试工具,它们得到了广泛应用且相当成熟和完善。

1.3.2　测试与开发的关系

1. 瀑布模型与软件测试的关系

瀑布模型认为,测试是指在代码完成后、处于运行维护阶段之前,通过运行程序来发现程序代码或软件系统中错误。因此,如果需求和设计上存在缺陷问题,就会造成大量返工,增加软件开发的成本等。为了更早地发现问题,测试应延伸到需求评审、设计审查活动中,软件生命周期的每一阶段都应包含测试。瀑布模型与软件测试的关系如图 1.2 所示。

2. 螺旋模型与软件测试的关系

大型软件项目通常有很多不确定性和风险性,而且异常复杂,如果采用瀑布模型那种"一次性完成"的线性过程模型,项目失败的风险就很大,因此需要采用一种渐进式的演化过程模型——螺旋模型。螺旋模型将测试看做是前进的一步,并试图将产品分解成增量版本,每个增量版本都可以单独测试。螺旋模型与软件测试的关系如图 1.3 所示。

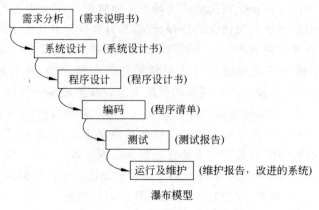

图 1.2　瀑布模型与软件测试的关系

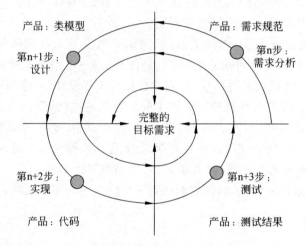

图 1.3　螺旋模型与软件测试的关系

1.4　软 件 缺 陷

1.4.1　缺陷案例

1963 年,由于用 FORTRAN 程序设计语言编写的飞行控制软件中的循环语句 DO 5 I＝1,3 误写为 DO 5 I＝1.3,DO 语句少了一个逗号,结果导致美国首次金星探测飞行失败,造成价值 1000 多万美元的损失。

1979 年,新西兰航空公司的一架客机因计算机控制的自动飞行系统发生故障而撞在阿尔卑斯山上,机上 257 名乘客全部遇难。

1992 年 10 月 26 日,伦敦救护中心的计算机辅助发送系统刚启动就崩溃了,导致这个全世界最大的每天要接运 5000 多病人的救护机构全部瘫痪。

1994 年,美国迪士尼公司的《狮子王》软件在少数系统中能正常工作,但在大众使用的常见系统中不行。后来证实,迪士尼公司没有对市场上投入使用的各种个人计算机机型进行正确的测试。也就在同年,英特尔奔腾浮点除法发生软件缺陷,英特尔为处理软件缺陷支付 4 亿多美元。

1996 年 6 月 4 日,耗资 80 亿美元的欧洲航空航天局发射的阿里亚娜 501 火箭,发射升空 37 秒后爆炸。原因是主发动机打火顺序开始 37 秒后,制导信息由于惯性制导系统的软件出现规格和设计错误而完全遗失。

1999 年 9 月,火星气象人造卫星在经过 41 周、6.69 亿 km 飞行后,在即将进入火星轨道时失败了。为此,美国投资 5 万美元调查事故原因,发现太空科学家洛克希德·马丁采用的是英制(磅)加速度数据,而喷气推进实验室采用的则是公制(牛顿)加速度数据进行计算。此事故的发生就是因为集成测试的失败所致。

临近 2000 年,计算机业界一片恐慌,这就是著名的"千年虫"问题。其原因是在 20 世纪 70 年代,由于计算机硬件资源很珍贵,程序员为节约内存资源和硬盘空间,存储日期数据时只保留年份的后 2 位,如 1980 被存储为 80。当 2000 年到来时,问题出现了,计算机无法分清"00"是指"2000 年"还是"1000 年"。例如,银行存款的软件在计算利息时,本应该用现在的日期"2000 年 1 月 1 日"减去当时存款的日期。但是,由于"千年虫"的问题,结果用"1000 年 1 月 1 日"减去当时存款的日期,存款年数就变为负数,导致顾客反要给银行支付巨额的利息。解决"千年虫"问题花费了大量的人力、物力和财力。

2003 年 8 月 14 日下午 4 时 10 分,美国及加拿大部分地区发生历史上最大的停电事故,15 日晚逐步恢复。导致的经济损失为 250 亿~300 亿元之间。事故的主要原因是俄亥俄州的第一能源(FirstEnergy)公司 x 下属的电力监测与控制管理系统软件 XA/21 出现错误,系统中重要的预警部分出现严重故障,负责预警服务的主服务器与备份服务器连接失控,错误没得到及时通报和处理,最终导致多个重要设备出现故障,以致大规模停电。

2005 年 4 月 20 日上午 10 时 56 分,中国银联系统通信网络和主机出现故障,造成辖内跨行交易全部中断。这是 2002 年中国银联成立以来,首次因系统故障造成的全国性跨行交易全面瘫痪。原因是银联新近准备上线的某外围设备的隐性缺陷诱发了跨行交易系统主机的缺陷,使主机发生故障。

2007 年 8 月 14 日 14 时,美国洛杉矶国际机场计算机发生故障,60 个航班的 2 万旅客无法入关。直至次日凌晨 3 时 50 分,所有滞留旅客才全部入关。事故的主要原因是包含旅客姓名和犯罪记录的部分数据系统(海关和边境保护系统:决定旅客是否可以进入美国领土)瘫痪。而 2004 年 9 月就发生过类似事故。

2008 年,我国首次举办奥运会。2007 年 10 月 30 日上午 9 时,北京奥运会门票面向境内公众销售第二阶段正式启动,系统访问流量猛增,官方票务网站流量瞬时达到 800 万次/小时,为系统设计 100 万次/小时承受量的 8 倍,造成网络拥堵,售票速度慢或暂时不能登录系统,公众无法及时提交购票申请。官方票务系统随即关闭,北京奥运票务中心就此向广大境内公众购票人发布了致歉信。

……

通常认为,符合下面 4 个条件之一的就是软件缺陷。

(1) 软件未达到规格说明书中规定的功能。

（2）软件出现了产品说明书中指明不会出现的错误。

（3）软件功能超出了产品说明书中指明的范围。

（4）软件测试人员认为软件难于理解,不易使用,运行速度慢,或者最终用户认为软件使用效果不好。

【例 1.1】 软件缺陷举例。

计算器说明书一般声称该计算器将准确无误进行加、减、乘、除运算。如果测试人员选定了数值,按下＋号后再按下一数值,没有任何结果出现,或者得到了错误答案,根据第 1 条规则,这是一个缺陷。

计算器产品说明书指明计算器不会出现崩溃、死锁或者停止反应等情况,而测试人员按键后,计算器却停止接收等,根据第 2 条规则,这是一个缺陷。若在测试过程中发现,由于电池没电等原因导致计算不正确,但产品说明书上没有指出此情况下应该如何处理,这也是一个缺陷。

进行测试时,如果发现除了产品说明书规定的加、减、乘、除运算功能外,还能够进行求平方根的运算,而这一功能并没有在说明书中给出,根据第 3 条规则,这是一个缺陷。

如果测试人员发现计算器某些功能不好使用,如按键太小、显示屏在亮光下无法看清等,根据第 4 条规则,这是一个缺陷。

1.4.2 缺陷产生的原因

软件缺陷不仅会导致项目进度无法控制,推迟项目的发布日期,而且缺陷的修复费用也会随着软件开发阶段的进展急剧上升。在需求分析阶段发生的缺陷,在产品发布之后修复缺陷的成本将是在软件需求阶段修复缺陷的 100 倍,甚至更高,缺陷的延迟解决必然导致整个项目成本的急剧增加。软件开发生命周期及其成本的关系如图 1.4 所示。

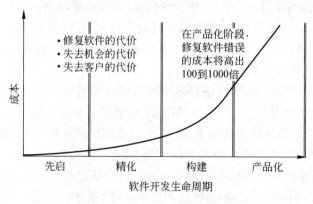

图 1.4 加大软件修复成本

那么,为什么会产生软件缺陷呢?缺陷的产生与软件本身的特点、软件项目管理和团队工作等许多因素有关,如图 1.5 所示。

1. 阶段

首先,由于软件与硬件不同,其本身存在固有的复杂性。当前软件系统具有图形用户

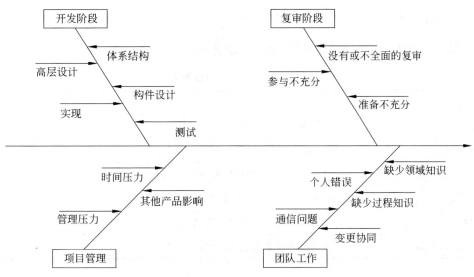

图 1.5　缺陷原因分析图

界面、B/S 结构、面向对象设计、分布式运算、底层通信协议、超大型关系型数据库等多种
模块,因此软件系统的复杂性呈指数增长。其次,由于需求变化增加了软件系统开发的复
杂性,产生了大量不确定因素,导致许多缺陷产生。

2. 项目管理

首先,在软件项目开发过程中,由于时间的限制,导致编写文档缺失,而文档的贫乏容
易使代码维护和修改变得很难。其次,由于开发流程不够完善,存在较多的随机性,缺乏
严谨的内审或评审机制,容易产生问题。

3. 团队工作

由于团队组成人员本身的认知层面、拥有的知识、处事原则各不相同,交流不充分等,
难免会产生误解。

4. 复审阶段

由于没有或不全面的复审导致软件产生缺陷。

1.4.3　缺陷内容

软件缺陷内容包括缺陷标识、缺陷类型、缺陷严重程度、缺陷产生可能性、缺陷优先
级、缺陷状态、缺陷起源、缺陷来源、缺陷原因。

1. 缺陷标识

缺陷标识是标记某个缺陷的唯一表示,可以使用数字序号表示。

2. 缺陷类型

缺陷类型是根据缺陷的自然属性划分缺陷种类,如表1.1所示。

表1.1　软件缺陷类型列表

缺 陷 类 型	描　　述
功能	影响了各种系统功能、逻辑的缺陷
用户界面	影响了人机交互特性,如屏幕格式、输入输出格式等方面的缺陷
文档	影响发布和维护,包括注释、用户手册、设计文档
软件包	由于软件配置库、变更管理或版本控制引起的错误
性能	不满足系统可测量的属性值,如执行时间、事务处理速率等
系统/模块接口	与其他模块或参数、控制块或参数列表等不匹配、冲突

3. 缺陷严重程度

缺陷严重程度是指因缺陷引起的故障对软件产品的影响程度,所谓"严重性",指的是在测试条件下,一个错误在系统中的绝对影响,如表1.2所示。

表1.2　软件缺陷严重等级列表

缺陷严重等级	描　　述
致命	系统任何一个主要功能完全丧失,用户数据受到破坏,系统崩溃、悬挂、死机,或者危及人身安全
严重	系统的主要功能部分丧失、数据不能保存,系统的次要功能完全丧失,系统提供的功能或服务受到明显的影响
一般	系统的次要功能没有完全实现,但不影响用户的正常使用。例如,提示信息不太准确;用户界面差、操作时间长等问题
较小	使操作者不方便或遇到麻烦,但它不影响功能的操作和执行,如个别不影响产品理解的错别字、文字排列不对齐等小问题

【例1.2】　软件缺陷举例。

测试人员A和测试人员B在项目中发现缺陷数目分布如表1.3和表1.4所示。

表1.3　测试人员A发现的缺陷数目

缺陷严重级别	缺陷个数
致命	100
严重	200
一般	300
较小	400
合计	1000

表1.4　测试人员B发现的缺陷数目

缺陷严重级别	缺陷个数
致命	150
严重	350
一般	300
较小	200
合计	1000

测试人员 A 和测试人员 B 在项目中发现的缺陷数目总数一样,都是 1000。
缺陷严重等级与权值的关系如表 1.5 所示。

表 1.5　缺陷严重等级与权值关系

缺陷严重级别	权　值	缺陷严重级别	权　值
致命	4	一般	2
严重	3	较小	1

根据加权法度量缺陷,判断测试人员 A 和测试人员 B 所发现的缺陷价值。
测试人员 A 发现的缺陷价值如表 1.6 所示。

表 1.6　测试人员 A 发现的缺陷价值

缺陷严重级别	缺陷个数	权　值	缺陷价值
致命	100	4	400
严重	200	3	600
一般	300	2	600
较小	400	1	400
总计			2000

测试人员 B 发现的缺陷价值如表 1.7 所示。

表 1.7　测试人员 B 发现的缺陷价值

缺陷严重级别	缺陷个数	权　值	缺陷价值
致命	150	4	600
严重	350	3	1050
一般	300	2	600
较小	200	1	200
总计			2450

结论如下:虽然测试人员 A 和测试人员 B 发现缺陷的总数相等,但是通过加权计算,可知缺陷的总体价值不一样。

4. 缺陷产生的可能性

缺陷产生的可能性指缺陷在产品中发生的可能性,通常用频率来表示,如表 1.8 所示。

表 1.8　缺陷产生的可能性列表

缺陷产生的可能性	描　述
总是	总是产生这个软件缺陷,其产生的概率是 100%
通常	通常情况下会产生这个软件缺陷,其产生的概率是 80%～90%
有时	有的时候产生这个软件缺陷,其产生的概率是 30%～50%
很少	很少产生这个软件缺陷,其产生的概率是 1%～5%

5. 缺陷优先级

缺陷优先级指缺陷必须被修复的紧急程度。"优先级"的衡量抓住了在严重性中没有考虑到的重要程度因素,如表 1.9 所示。

表 1.9　软件缺陷优先级列表

缺陷优先级	描　述
立即解决	缺陷导致系统几乎不能使用或测试不能继续,需立即修复
高优先级	缺陷严重,影响测试,需要优先考虑
正常排队	缺陷需要正常排队等待修复
低优先级	缺陷可以在开发人员有时间的时候纠正

一般来讲,缺陷严重等级和缺陷优先级相关性很强,但是,具有低优先级和高严重性的错误是可能的,反之亦然。例如,产品徽标是重要的,一旦它丢失了,这种缺陷是用户界面的产品缺陷,但是它影响产品的形象。那它就是优先级很高的软件缺陷。

6. 缺陷状态

缺陷状态指缺陷通过一个跟踪修复过程的进展情况,也就是在软件生命周期中的状态基本定义,如表 1.10 所示。

表 1.10　软件缺陷状态列表

缺陷状态	描　述
激活或打开	缺陷存在于源代码中,确认"提交的缺陷",等待处理,如新报的缺陷
已修正或修复	已被开发人员修复过的缺陷,通过单元测试已解决,但还没有被测试人员验证
关闭或非激活	测试人员验证后,确认缺陷不存在之后的状态
重新打开	测试人员验证后还依然存在的缺陷,等待开发人员进一步修复
推迟	这个软件缺陷可以在下一个版本中解决
保留	由于技术原因或第三者软件的缺陷,开发人员不能修复的缺陷
不能重现	开发不能复现这个软件缺陷,需要测试人员检查缺陷重现的步骤

7. 缺陷来源

缺陷来源指缺陷所在的地方,如文档、代码等,如表 1.11 所示。

表 1.11　软件缺陷来源列表

缺 陷 来 源	描　　　述
需求说明书	需求说明书的错误或不清楚表述引起的缺陷
设计文档	设计文档描述不准确、和需求说明书不一致的缺陷
系统集成接口	系统各模块参数不匹配、开发组之间缺乏协调引起的缺陷
数据流(库)	由于数据字典、数据库中的错误引起的缺陷
程序代码	纯粹在编码中的问题引起的缺陷

1.4.4　跟踪流程

为了不遗漏任何缺陷,并提高缺陷修复质量,通常需要执行缺陷跟踪,即从缺陷被发现开始到被改正为止的整个跟踪流程,如图 1.6 所示。

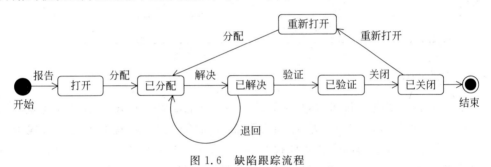

图 1.6　缺陷跟踪流程

缺陷跟踪流程大致如下:最初,缺陷的状态为"打开",被分配给开发人员进行修复,此时缺陷状态设置为"已分配"。开发人员修复完毕后,将缺陷状态设置为"已解决",如果通过回归测试,确认缺陷已被修复,则将缺陷状态设置为"已验证",否则退回给开发人员,重新进行修复。当一个缺陷结束后被关闭,其状态变为"已关闭",如果已被关闭的缺陷被发现仍有问题,将其重新打开,设置状态变为"重新打开",以便再分配给开发人员进行修复。

该流程涉及测试人员、项目负责人、开发人员和评审员,具体如下所示。

(1) 测试人员:执行测试的人,是缺陷的报告者,负责报告缺陷或确认缺陷是否可以"提交""未通过"和"通过"。

(2) 项目负责人:对整个项目负责,对产品质量负责,需要及时了解当前有哪些新的缺陷,哪些必须及时修正,"分配"任务。

(3) 开发人员:设计和编码人员,用于了解哪些缺陷需要"修正"与"不修正"。

(4) 评审员:对缺陷进行最终确认,行使仲裁权力。

为了提高软件质量,软件组织应不断改进其软件过程,提高在各阶段中移除缺陷的数量,减少引入缺陷的数量,从而提高缺陷移除效率。缺陷移除效率是衡量软件过程能力的一个重要指标,该指标可以定义为如下公式:

$$缺陷移除效率 = \frac{该阶段中移除的缺陷的数量}{该阶段开始时存在的缺陷数+该阶段中引入的缺陷数} \times 100\%$$

【例 1.3】 在某软件项目的高层设计阶段,通过设计审查发现和移除了 730 个缺陷。该阶段开始时存在 120 个缺陷,该阶段引入了 860 个缺陷,则该阶段的缺陷移除效率为

$$\frac{730}{120+860} \times 100\% = 74\%$$

表 1.12 显示了软件开发各阶段与缺陷引入和移除有关的活动。

表 1.12 与缺陷引入和移除相关的活动

开 发 阶 段	缺陷引入活动	缺陷移除活动
需求	需求说明过程及需求规格说明开发	需求分析和评审
高层设计	设计工作	高层设计审查
详细设计	设计工作	详细设计审查
实现	编码	代码审查
测试	不正确的缺陷修复	测试

1.4.5 缺陷预防

无论是测试还是各种技术审查,都只是一种被动的缺陷检测方法,无法防止缺陷的引入,也无法保证能够检测到所有缺陷,而且检测和排除缺陷的过程会消耗大量成本。因此,为了最大限度地减少缺陷,并实现软件项目的效益,必须采取主动的预防措施,分析缺陷产生的根本原因,有针对性地消除这些原因,防止将缺陷引入到软件中,即通常所说的"缺陷预防"(Defect Prevention)。

缺陷预防的核心任务是原因分析,也就是找到导致软件缺陷产生的根本原因和共性原因。软件缺陷是指软件对其期望属性的偏离,包含三个层面的信息,即失效(failure)、错误(fault)和差错(error)。

失效是指软件系统运行时的行为偏离了用户的需求,即缺陷的外部表现。

错误是指存在于软件内部的问题,如设计错误、编码错误等,即缺陷的内部原因。

差错是指人在理解和解决问题的思维和行为过程中出现的问题,即缺陷的产生根源。

一个差错可导致多个错误,一个错误又可导致多个失效。软件缺陷原因的分析不能只停留在"错误"这一层面上,而要深入到"差错"层面,才能防止一个缺陷(以及类似缺陷)的重复发生,因此,软件缺陷产生的根本原因往往与过程及人员问题相关,缺陷预防总是伴随着软件过程的改进。

1.5　软件测试行业

1.5.1　行业现状

据资料显示,在 IE 4.0 的开发过程中,代码开发时间为 6 个月,而测试用了 8 个月。开发 Windows 2000 操作系统用时 3 年,投入 50 亿美元,使用了 250 名项目经理、1700 名软件开发工程师、3200 名软件测试工程师。当前软件行业比较发达的国家与地区,如欧美、印度、以色列等,软件测试行业的产值几乎占了软件行业总产值的 1/4。软件测试已经发展成为一个独立的产业,软件测试工程师和开发工程师的比例基本维持在 1∶1 左右,即 1 个软件开发工程师便需要辅有 1 个软件测试工程师。主要体现如下:①软件测试在软件公司中占有重要地位,其软件测试在人员配备和资金投入方面占据相当的比重,从投入的资金和人力物力来看,测试、使产品稳定和修改花去的时间占到整个项目时长的 80%;②软件测试理论研究蓬勃发展,引领软件测试理论研究的国际潮流;③软件测试市场繁荣,如 MI、Compuware、Rational 等,其出品的测试工具占领了国际市场;④软件产品的认定,往往需要第三方测试的介入。

随着中国软件业的日益壮大和逐步走向成熟,软件测试也在不断发展。从最初的由软件编程人员兼职测试到软件公司组建独立专职测试部门。测试工作也从简单测试演变为包括编制测试计划、编写测试用例、准备测试数据、编写测试脚本、实施测试、测试评估等多项内容的正规测试。测试方式则由单纯手工测试发展为手工、自动兼之,并有向第三方专业测试公司发展的趋势。

虽然软件产业以及信息化工作取得了较大成绩,但与发达国家相比,目前我国国内 120 万软件从业人员中真正能担当软件测试职位的不超过 5 万人,软件测试人才缺口高达 30 万。国内测试仍然停留在开发人员自行测试阶段,软件开发和测试人员结构明显失调,缺乏第三方测试。国内软件测试与国外软件测试主要存在如下差距。

(1) 测试的理解认识。国内软件企业普遍重开发、轻测试,将测试置于从属地位,没有认识到软件项目完成不仅取决于开发人员,更取决于测试人员。国内许多中小型软件企业没有软件测试部门,有些甚至不设置软件测试的岗位。

(2) 测试过程的管理。国内软件企业普遍存在测试的随意化、简单化,未建立有效、规范的测试管理体系。

(3) 测试工具的使用。国内软件企业的测试普遍缺乏使用自动化测试工具。

(4) 测试人员的培养。目前,软件测试领域十分缺乏人才,首先是测试人员角色定位不合理,其次是缺乏专家级测试人才。

当然,国内软件测试产业也正在慢慢发展。第一,软件测试工具的开发取得了显著进展,如西安交通大学开发的 COBOL 测试系统、华中科技大学开发的 C 编译程序测试系统,北京航空航天大学与清华大学开发的 C 软件综合测试系统、中科院开发的 I-test 测试工具等。第二,软件公司企业设置了软件测试相应部门,如东软、神州数码等软件企业。第三,软件测试正在成为新的就业方向。

1.5.2 软件测试职业

下面从技术和管理两方面介绍软件测试职业的前景。

1. 技术方向

按级别和职位的不同,软件测试工程师分为初级、中级和高级3类。

(1) 初级软件测试工程师。

通常是按照软件测试方案和流程对产品进行功能测验,检查产品是否有缺陷。一般是刚入门测试领域或具有一些手工测试经验的个人。

(2) 中级软件测试工程师。

编写软件测试方案、测试文档,与项目组一起制定软件测试阶段的工作计划,能够在项目运行中合理利用测试工具,完成测试任务。一般是具有1~2年经验的测试工程师或程序员,可以编写自动测试脚本程序,并担任测试编程初期领导工作。

(3) 高级软件测试工程师。

熟练掌握软件测试与开发技术,且对所测试软件对口行业非常了解,能够对可能出现的问题进行分析评估。一般是具有3~4年经验的测试工程师或程序员,能帮助开发或维护测试及编程标准与过程,负责同级的评审,并为其他初级的测试工程师或程序员充当顾问。

2. 管理方向

测试人员往管理方面发展,通常有测试负责人和测试经理两种角色。

(1) 测试负责人。

是具有4~6年经验的测试工程师或程序员,通常负责管理1~3名测试工程师或程序员。担负一些进度安排、工作规模/成本估算职责和预算目标交付产品。

(2) 测试经理。

往往又称为质量保证经理,一般具有10多年的工作经验,管理8名或更多的人员参加的1个或多个项目,负责测试、质量保证领域内的整个开发生存周期业务。

1.5.3 测试思维方式

软件测试人员一般具备以下几种思维方式:逆向思维方式、组合思维方式、全局思维方式、两极思维方式、比较思维方式和发散思维方式等。具体如下所示。

1. 逆向思维方式

逆向思维是相对的,就是按照与常规思路相反的方向思考,比如将根据结果逆推条件,从而得出输入条件的等价类划分。其实逆向思维在调试当中用到的也比较多,当发现缺陷时,进一步定位问题的所在,往往就是逆向分析,以发现开发人员思维的漏洞。

2. 组合思维方式

将相关事物组合在一起，能发现很多问题，如多进程并发，但这使得程序的复杂度提高，也让程序的缺陷率随之增长。针对不同应用，可以酌情考虑使用"排列"或者"组合"，将相关因素划分到不同的维度上，然后再考虑其相关性。

3. 全局思维方式

全局思维方式就是从多角度分析待测的系统，以不同角色去看系统，分析其是否能够满足需求。在软件开发过程中进行的各种评审，让更多的人参与思考，尽可能全方位审查某个解决方案的正确性以及其他特性。

4. 两极思维方式

两极思维方式，是在极端的情况下查看是否存在缺陷。边界值分析方法就是两极思维方式的典范。

5. 比较思维方式

人们认识事物时，往往都是和已有的某些概念进行比较，找出相同、相异之处，或者归类。应用模式是"比较思维"常见的例子，有设计模式、体系结构模式等，由于经验在测试中很重要，因此比较思维是较为常用的方式。

6. 发散思维方式

发散思维其实就是一种寻求多种答案，最终使问题获得解决的思考方法。

1.6　测试认识的误区

与软件开发比较，软件测试的地位和作用还没有真正受到重视。人们对软件测试还存在如下一些认识误区，从而影响了软件测试活动的开展和软件测试质量的提高。

误区之一：使用了测试工具，就是进行了有效的测试。

有效的测试首先是指该软件具有可测试性。可测试性反映了软件质量的内在属性，是一个强内聚、弱耦合、接口明确的软件，它不会因为使用了某种测试工具，就证明被测试的软件具有可测试性。

误区之二：存在太多无法测试的东西。

在软件开发领域，确实存在一些看起来比另外一些东西难测试的东西，但是远非无法测试。在大多数情况下，发生这种情况还是由于被测试软件本身在设计时没有考虑到可测试性的问题。只不过这种不可测试性不是由于被测试软件内部的过紧耦合造成的，而是和外部某些很难测试的部分耦合过紧，从而表现出被测试软件本身很难测试的特征。这些很难测试的部分，比较常见的有图形界面、硬件、数据库等。

误区之三：软件开发完成后进行软件测试。

　　软件测试是一个系列过程活动,包括软件测试需求分析、测试计划设计、测试用例设计、执行测试。软件测试贯穿软件项目的整个生命过程,每一个阶段都要进行不同目的和内容的测试活动,以保证各个阶段的正确性。软件测试的对象不仅仅包括软件代码,还包括软件需求文档和设计等各类文档。软件开发与软件测试是交互进行的。例如,单元编码需要单元测试,模块组合阶段需要集成测试。如果等到软件编码结束后才进行测试,测试的时间将会很短,测试的覆盖面将很不全面,测试的效果也将很差。更严重的是,如果发现了软件需求阶段或概要设计阶段的错误,要修复该类错误,将会耗费大量的时间和人力。

　　误区之四:软件发布后发现质量问题,是测试人员的问题。

　　这种错误的认识非常伤害软件测试人员的积极性。软件中的错误可能来自软件项目中的各个过程,软件测试只能确认软件存在错误,不能保证软件没有错误,因此从根本上讲,软件测试不可能发现全部错误。从软件开发的角度看,软件的高质量不是软件测试人员测出来的,是靠软件生命周期的各个过程中设计出来的。如果出现软件错误,不能简单地归结为某一个人的责任,有些错误可能是技术原因,也可能是混乱的管理所致。因此,应该分析软件项目的各个过程,从过程改进方面寻找产生错误的原因和改进的措施。

　　误区之五:软件测试要求不高,随便找个人都行。

　　随着软件工程学的发展和软件项目管理经验的提高,软件测试已经形成了一个独立的技术学科,演变成一个具有巨大市场需求的行业。软件测试技术不断更新和完善,新工具、新流程、新方法都在不断出现,因此,软件测试需要学习很多测试知识,更需要不断的实践经验和学习精神。

　　误区之六:软件测试是测试人员的事情,与程序员无关。

　　开发和测试是相辅相成的过程,需要测试人员、程序员和系统分析师等保持密切的联系,需要交流和协调,以便提高测试效率。另外,对于单元测试,主要应该由程序员完成,必要时测试人员可以帮助设计测试样例。对于测试中发现的软件错误,很多都需要程序员通过修改编码才能修复。程序员通过有目的地分析软件错误的类型、数量,找出产生错误的位置和原因,以避免同样的错误发生,积累编程经验,提高软件开发能力。

　　误区之七:项目进度吃紧时少做些测试,时间多时多做测试。

　　这是在软件开发过程中不重视软件测试的常见表现,也是软件项目过程管理混乱的表现,必然会降低软件测试的质量。软件项目开发需要合理的项目进度计划,其中就包括测试计划,对项目实施过程中的任何问题,都要有风险分析和相应的对策,不要因为开发进度的延期而简单地缩短测试时间,压缩人力和资源。因为缩短测试时间使测试不完整,引入潜在风险,往往造成更大的软件缺陷。避免这种现象的最好办法是加强软件过程的计划和控制,包括软件测试计划、测试设计、测试执行、测试度量和测试控制。

　　误区之八:软件测试是低级工作,开发人员才是软件高手。

　　随着市场对软件质量要求的不断提高,软件测试将变得越来越重要,对测试人员的要求也越来越高。测试人员不仅要懂得如何测试,还要懂得被测软件的业务知识和专业知识。而开发人员往往只需要对自己开发的模块了解比较深,对算法掌握的程度要求高一些。所以,软件测试和开发人员只是工作的侧重点不同,并不存在水平差异的问题。

软件测试基本知识

本章介绍了软件测试的几种观点、软件测试的目的和原则、软件测试的分类,并就软件测试模型、测试用例和测试停止标准等知识给出了详细讲解。

2.1 测试的几种观点

下面给出几种关于软件测试的观点。

1. 软件测试的狭义论与广义论

传统瀑布模型认为,测试是指在代码完成后、处于运行维护阶段之前,通过运行程序来发现程序代码或软件系统中的错误。因此,不能在代码完成之前发现软件系统需求及设计上的缺陷,如果需求和设计上的缺陷问题遗留到后期,就会造成大量返工,增加软件开发的成本,延长开发的周期等。这是软件测试的狭义概念。

为了更早地发现问题,应将测试延伸到需求评审、设计审查活动中去,将"软件质量保证"的部分活动归为测试活动。软件生命周期的每一阶段中都应包含测试,用于检验本阶段的成果是否接近预期目标,尽可能早地发现错误并加以修正,将软件测试和质量保证合并起来的软件测试,被认为是软件测试的一种广义概念。

2. 软件测试的辩证论

验证软件是验证软件是"工作的",指软件的功能是按照预先的设计执行的,运用正向思维,针对软件系统的所有功能点逐个验证其正确性。其代表人物是软件测试领域的先驱 Dr. Bill Hetzel(代表论著 *The Complete Guide to Software Testing*)。他曾于 1972 年 6 月在美国的北卡罗来纳大学组织了历史上第一次正式的关于软件测试的论坛。1973 年给软件测试下了一个这样的定义:就是建立一种信心,认为程序能够按预期的设想运行。其后,他又在 1983 年将定义修订为"评价一个程序和系统的特性或能力,并确定它是否达到预期的结果。软件测试就是以此为目的的任何行为"。

反之,就是证明软件是"不工作的",以反向思维方式不断思考开发人员理解的误区、不良的习惯、程序代码的边界、无效数据的输入以及系统的弱点,试图破坏系统、摧毁系统,目标就是发现系统中各种各样的问题。其代表人物是 Glenford J. Myers(代表论著 *The Art of Software Testing*)。他强调一个成功的测试必须是发现 bug(缺陷)的测试,不然就没有价值。他于 1979 年提出了他对软件测试的定义：就是以发现错误为目的而运行程序的过程。

3. 软件测试的风险论

软件测试的风险论认为，测试是对软件系统中潜在的各种风险进行评估的活动。对应这种观点，产生基于风险的测试策略，首先评估测试的风险，功能出问题的概率有多大？哪些是用户最常用的 20％功能（Pareto 原则，也叫 80/20 原则）？如果某个功能出问题，其对用户的影响有多大？然后根据风险大小确定测试的优先级。优先级高的测试，优先得到执行。一般来讲，针对用户最常用的 20％功能（优先级高）的测试会得到完全执行，而低优先级的测试（另外用户不经常用的 80％功能）就不做或少做。

4. 软件测试的经济论

"一个好的测试用例在于它能发现至今未发现的错误"，体现了软件测试的经济学观点。这是由于在需求阶段修正一个错误的代价是 1，而在设计阶段就是它的 3～6 倍，在编程阶段是它的 10 倍，在内部测试阶段是它的 20～40 倍，在外部测试阶段是它的 30～70 倍，而到了产品发布出去时，这个数字就是 400～1000 倍。修正错误的代价不是简单地随着时间线性增长，而几乎是呈指数级增长的。因此，应该尽快尽早地发现缺陷。

5. 软件测试的标准论

软件测试的标准论认为软件测试为验证（Verification）和有效性确认（Validation）活动构成的整体，即软件测试＝V&V。验证是检验软件是否已正确实现了产品规格说明书所定义的系统功能和特性。有效性确认是确认所开发的软件是否满足用户真正需求的活动。

综上所述，软件测试是贯穿整个软件开发生命周期，是对软件产品进行验证和确认的活动过程，其目的是尽快尽早地发现软件产品中所存在的各种问题。为了深入理解软件测试，可以从以下角度来思考。

（1）从软件测试的目的来理解。测试的目的是发现软件中的错误，是为了证明软件有错，而不是证明软件无错，是在软件投入运行前，对软件需求分析、设计和编码各阶段产品的最终检查，是为了保证软件开发产品的正确性、完全性和一致性。

（2）从软件测试的性质来理解。在软件开发过程中，分析、设计与编码等工作都是"建设性的"，唯独测试是带有"破坏性的"。

（3）从软件开发角度来理解。软件测试以检查软件产品的内容和功能特性为核心，是软件质量保证的关键步骤，也是成功实现软件开发目标的重要保障。

（4）从软件工程角度来理解。软件测试是软件工程的一部分，是软件工程过程中的重要阶段。

（5）从软件质量保证角度来理解。软件测试是软件质量保障的关键措施。

2.2 软件测试的目的与原则

2.2.1 软件测试的目的

测试是用人工或者自动手段来运行或测试某个系统的过程,其目的在于检验它是否满足规定的需求,或弄清预期结果与实际结果之间的差别。测试是帮助识别开发完成(中间或最终的版本)的计算机软件(整体或部分)的正确度、完全度和质量的软件过程,是保证软件质量的重要手段。

Grenford J. Myers 曾对软件测试的目的提出以下观点。

(1) 测试是为了证明程序有错,而不是证明程序无错误。

(2) 一个好的测试用例在于它能发现至今未发现的错误。

(3) 一个成功的测试是发现了至今未发现的错误的测试。

Grenford J. Myers 认为,测试是以查找错误为中心,而不是为了演示软件的正确功能,从字面意思理解,可能会产生误导,认为发现错误是软件测试的唯一目的,查找不出错误的测试就是没有价值的测试。

软件测试的目的往往包含如下内容。

(1) 测试并不仅仅是为了找出错误,通过分析错误产生的原因和错误的发生趋势,可以帮助项目管理者发现当前软件开发过程中的缺陷,以便及时改进。

(2) 测试帮助测试人员设计出有针对性的测试方法,改善测试的效率和有效性。

(3) 没有发现错误的测试也是有价值的,完整的测试是评定软件质量的一种方法。

测试的目标就是以最少的时间和人力找出软件中潜在的各种错误和缺陷,证明软件的功能和性能与需求说明相符。此外,实施测试收集到的测试结果数据为可靠性分析提供了依据。

2.2.2 软件测试的原则

从不同的角度出发,软件测试有两种测试目的。从用户的角度出发,就是希望通过软件测试充分暴露软件中存在的问题和缺陷,从而考虑是否可以接受该产品;从开发者的角度出发,就是希望测试能表明软件产品不存在错误,已经正确地实现了用户的需求,确立人们对软件质量的信心。为了达到上述目的,需要注意以下几点原则。

1. 软件测试是证伪而非证真

软件测试是为了发现错误而执行程序的过程,软件测试成功并不能说明软件不存在问题。

2. 尽早地和不断地进行软件测试

软件开发各个阶段工作的多样性,以及参加开发的各种层次人员之间工作的配合关系等因素,使得开发的每个环节都可能产生错误。软件测试应在软件开发的需求分析和设计阶段就开始工作,编写相应的测试文档,坚持在软件开发的各个阶段进行技术评审和验证,这样才能尽早发现和预防错误,以较低的代价修改错误,提高软件质量。

3. 重视无效数据和非预期的测试

软件产品中暴露出来的许多问题常常是以某些非预期的方式运行时导致的。因此,测试用例的编写不仅应当考虑有效和遇到的输入情况,而且也应当考虑无效和异常情况。

4. 应当对每一个测试结果作全面检查

不仔细全面地检查测试结果,就会遗漏掉缺陷或错误。因此,必须明确定义预期的输出结果,对测试结果进行仔细分析检查。

5. 测试现场保护和资料归档

出现问题时要保护好现场,并记录足够的测试信息,以备缺陷复现。

6. 程序员应避免检查自己的程序

人们具有一种不愿否定自己的自然心理,而这一心理状态恰好是程序员不能检查自己程序的原因。

7. 充分注意测试中的群集现象

经验表明,测试后程序中残存的错误数目与该程序中已发现的错误数目或检错率成正比。根据这个规律,若发现错误数目多,则残存错误数目也比较多,这就是错误群集现象。

8. 用例要定期评审,适时补充修改用例

测试用例多次重复使用后,发现缺陷的能力会逐渐降低。因此,测试用例需要进行定期评审和修改,不断增加新的不同的测试用例,以发现潜在的更多缺陷。

2.3 软件测试分类

软件测试的分类方法很多。按照测试阶段划分,分为单元测试、集成测试、确认测试、系统测试、验收测试;按照执行主体划分,分为 α 测试、β 测试和第三方测试;按照执行状态划分,分为动态测试和静态测试;按照测试技术划分,分为黑盒测试、白盒测试和灰盒测试,如图 2.1 所示。

2.3.1 按照测试阶段划分

软件测试贯穿整个软件开发的整个期间,按照软件测试阶段划分,软件测试分为单元测试、集成测试、确认测试、系统测试、验收测试等。

(1)单元测试用于检验被测代码的一个很小的、很明确的功能是否正确。通常而言,一个单元测试是用于判断某个特定条件下某个特定函数的行为。

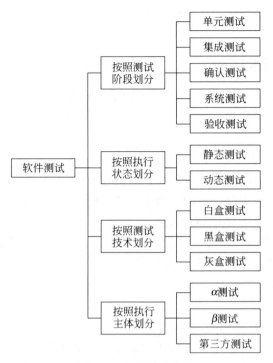

图 2.1 软件测试分类

（2）集成测试是指对经过单元测试的模块之间的依赖接口的关系图进行的测试。

（3）确认测试用于验证软件的有效性，即验证软件的功能和性能及其他特性是否与用户的要求一致。

（4）系统测试将整个软件系统与计算机硬件、外设、支持软件、数据和人员等其他系统元素结合起来进行测试。

（5）验收测试是指最终用户参与测试的过程。

2.3.2 按照执行状态划分

按照测试执行状态划分，软件测试分为动态测试和静态测试。

1. 动态测试

软件的动态测试，是指通过运行被测程序检查运行结果与预期结果的差异，并分析运行效率和健壮性等性能，这种方法由三部分组成：构造测试实例、执行程序、分析程序的输出结果。

2. 静态测试

静态测试是对被测程序进行特性分析方法的总称。是指计算机不运行被测试的程序，而对程序和文档进行分析与检查，包括走查、符号执行、需求确认等。静态测试一方面利用计算机作为对被测程序进行特性分析的工具，与人工测试有着根本的区别；另一方面并不真正运行被测程序,与动态方法也不相同。

2.3.3　按照测试技术划分

按照测试技术划分,软件测试分为黑盒测试、白盒测试和灰盒测试。

1. 黑盒测试

黑盒测试也称功能测试或数据驱动测试。在测试时,把程序看做不能打开的黑盒,完全不考虑程序的内部结构和特性,在程序接口进行测试,检查程序功能是否按照需求规格说明书的规定正常使用,程序是否能适当地接收输入数据而产生正确的输出信息,并且保持外部信息(如数据库或文件)的完整性。

黑盒测试试图发现以下类型的错误:功能错误或遗漏、界面错误、数据结构或外部数据库访问错误、性能错误、初始化和终止错误等。

2. 白盒测试

白盒测试与黑盒测试正好相反,又称结构测试或逻辑驱动测试,用于检测产品的内部结构,检验程序中的每条通路是否都能按预定要求正确工作。白盒测试的主要方法有逻辑驱动、路径测试等。白盒测试容易发现以下类型的错误:变量没有声明、无效引用、数组越界、死循环、函数本身没有析构、参数类型不匹配、调用系统的函数没有考虑到系统的兼容性等。

黑盒测试和白盒测试的比较如表 2.1 所示。

表 2.1　黑盒测试和白盒测试比较

项　目	黑盒测试法	白盒测试法
规划方面	功能测试	结构测试
性　质	是一种确认(Validation)技术,回答"我们在构造一个正确的系统吗"?	是一种验证(Verification)技术,回答"我们在正确地构造一个系统吗"?
优点方面	(1) 确保从用户角度出发 (2) 适用于各阶段测试 (3) 从产品功能角度测试 (4) 容易入手生成测试数据	(1) 针对程序内部特定部分进行覆盖测试 (2) 可构成测试数据,使特定程序部分得到测试 (3) 有一定的充分性度量手段 (4) 可获较多工具支持
缺点方面	(1) 无法测试程序内部特定部分 (2) 某些代码得不到测试 (3) 如果规格说明有误,则无法发现 (4) 不易进行充分性测试	(1) 无法测试程序外部特性 (2) 不易生成测试数据(通常) (3) 无法对未实现规格说明的部分进行测试 (4) 工作量大,通常只用于单元测试
应用范围	边界分析法、等价类划分法、决策表测试	语句覆盖、判定覆盖、条件覆盖、路径覆盖等

3. 灰盒测试

灰盒测试介于黑盒测试和白盒测试之间,主要用于测试各个组件之间的逻辑关系是否正确,采用桩驱动,把各个函数按照一定的逻辑串起来,得到在产品还没有界面的情况下的结果输出。相对白盒测试来说,灰盒测试要求相对较低,对测试用例要求也相对较低,用于代码的逻辑测试、验证程序接收和处理参数。灰盒测试的重点在于测试程序的处理能力和健壮性,相对黑盒测试和白盒测试而言,投入的时间相对少,维护量也较小。

软件测试方法与软件开发过程相关联,单元测试一般采用白盒测试方法,集成测试采用灰盒测试方法,系统测试和确认测试采用黑盒测试方法。

2.3.4 按照执行主体划分

按照测试执行主体划分,软件测试分为 α 测试、β 测试和第三方测试。

1. α 测试

通常也叫"验收测试"或"开发方测试"。在软件开发环境中,开发者和用户共同去检测与证实软件的实现是否满足软件设计说明或软件需求说明的要求。

2. β 测试

通常 β 测试被认为是用户测试,通过用户大量使用评价检查软件。通常情况下,用户测试不是指用户的"验收测试",而是指用户的使用性测试,由用户找出软件在应用过程中发现的缺陷与问题,并对使用质量进行评价。

3. 第三方测试

第三方测试也称独立测试,是由第三方测试机构来进行的测试。由与开发方和用户方都相对独立的组织进行软件测试,通过模拟用户真实的环境进行确认测试。

2.4 软件测试模型

软件测试模型用于指导软件测试的实践,通常有如下一些测试模型,如 V 模型、W 模型、H 模型、X 模型和前置模型等。下面依次介绍。

2.4.1 V 模型

V 模型作为最典型的测试模型,由 Paul Rook 在 20 世纪 80 年代后期提出,如图 2.2 所示。V 模型反映了测试活动与开发活动的关系,标明测试过程中存在的不同级别,并清楚描述测试的各个阶段和开发过程各个阶段之间的对应关系。V 模型左侧是开发阶段,右侧是测试阶段。开发阶段先从定义软件需求开始,然后把需求转换为概要设计和详细设计,最后形成程序代码。测试阶段是在代码编写完成以后,从单元测试开始,然后是集成测试、系统测试和验收测试。在 V 模型中,单元测试对应详细设计,也就是说,单元测试用例和详细设计文档一起实现;而集成测试对应概要设计,其测试用例是根据概要设计中的模块功能及接口等实现方法编写。以此类推,测试计划在软件需求完成后就开始进行,完成系统测试用例的设计等。

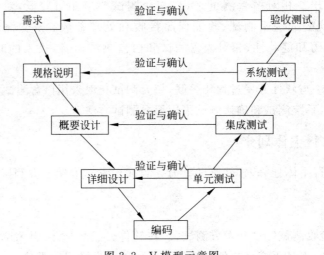

图 2.2　V 模型示意图

V 模型仅把测试过程作为在需求分析、概要设计、详细设计及编码之后的一个阶段,主要针对程序进行寻找错误的活动,而忽视了测试活动对需求分析、系统设计等活动的验证和确认的功能。

2.4.2　W 模型

相对于 V 模型而言,W 模型增加了软件各开发阶段中应同步进行的验证和确认活动。如图 2.3 所示,W 模型由两个 V 模型组成,分别代表测试与开发过程,明确表示出测试与开发的并行关系。

W 模型强调,测试伴随着整个软件开发周期,测试的对象不仅仅是程序,需求、设计等同样要测试,也就是说,测试与开发同步进行。W 模型有利于尽早发现问题,只要相应的开发活动完成,就可以开始测试。例如,需求分析完成后,测试就应该参与到对需求的验证和确认活动中,以尽早地找出缺陷所在。同时,对需求的测试也有利于及时了解项目难度和测试风险,及早制定应对措施,从而减少总体测试时间,加快项目进度。

W 模型存在如下局限性。在 W 模型中,需求、设计、编码等活动被视为串行,测试和开发活动保持着一种线性的前后关系,上一阶段结束,才开始下一阶段工作,因此,W 模型无法支持迭代开发模型。

2.4.3　H 模型

V 模型和 W 模型都认为软件开发是需求、设计、编码等一系列串行的活动,而事实

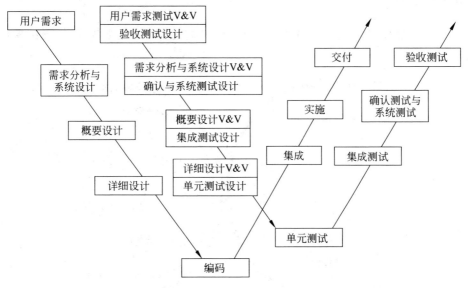

图 2.3　W 模型示意图

上,这些活动在大部分时间内可以交叉,因此,相应的测试也不存在严格的次序关系,单元测试、集成测试、系统测试之间具有反复迭代。正因为 V 模型和 W 模型存在这样的问题,H 模型将测试活动完全独立出来,使得测试准备活动和测试执行活动清晰地体现出来,从而使得测试准备与测试执行分离,有利于资源调配,降低成本,提高效率。图 2.4 显示了整个测试生命周期中某个层次的"微循环"。

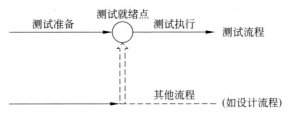

图 2.4　H 模型示意图

H 模型与测试活动具有如下关系。

(1) 软件测试不仅仅指测试的执行,还包括很多其他活动。

(2) 软件测试是一个独立的流程,贯穿于软件的整个生命周期,与其他流程并发地进行。

(3) 软件测试应尽早准备,尽早执行。

(4) 软件测试是根据被测物的不同而分层次进行的。不同层次的测试活动可以按照某个次序先后进行,也可能是反复的,只要某个测试达到准备就绪点,测试执行活动就可以开展。

2.4.4 X模型

由于 V 模型没能体现出测试设计、测试回溯的过程,因此出现了 X 测试模型,如图 2.5 所示。

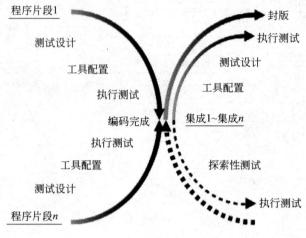

图 2.5 X模型示意图

X 模型左边描述的是针对单独程序片段进行的编码和测试,此后将进行频繁的交接,通过集成最终合成为可执行的程序。X 模型右上方定位了已通过集成测试的成品,进行封版并提交给用户,也可以作为更大规模和范围内集成的一部分。多根并行的曲线表示变更可以在各个部分发生。X 模型右下方定位了探索性测试。这是不进行事先计划的特殊类型的测试,往往帮助有经验的测试人员在测试计划之外发现软件错误。

2.4.5 前置模型

前置模型将测试和开发紧密结合,具有如下优点。

1. 开发和测试相结合

前置测试模型将开发和测试的生命周期整合在一起,标识了项目生命周期从开始到结束之间的关键行为,表示这些行为在项目周期中的价值。前置测试在开发阶段以编码—测试—编码—测试的方式进行。也就是说,程序片段编写完成,会进行测试。

2. 对每一个交付内容进行测试

每一个交付的开发结果,都必须通过一定的方式进行测试。源程序代码并不是唯一需要测试的内容。可行性报告、业务需求说明,以及系统设计文档等也是被测试的对象。这同 V 模型中开发和测试的对应关系相一致,并且在其基础上有所扩展。

3. 让验收测试和技术测试保持相互独立

验收测试应该独立于技术测试,这样可以提供双重保险,以保证设计及程序编码能够符合最终用户的需求。验收测试既可以在实施阶段的第一步执行,也可以在开发阶段的最后一步执行。

4. 反复交替地开发和测试

项目开发中存在很多变更,例如,需要重新访问前一阶段的内容,或者跟踪并纠正以前提交的内容,修复错误,增加新发现的功能等,开发和测试需要一起反复交替地执行。

5. 引入新的测试理念

前置测试对软件测试进行优先级划分,用较低的成本及早发现错误,并且充分强调了测试对确保系统高质量的重要意义。

总之,V 模型、W 模型、H 模型、X 模型以及前置模型都有各自的优点和缺点,应根据实际需要灵活运用各种模型。表 2.2 给出了各种测试模型的特点。

表 2.2　测试模型的各自特点

模型	优 缺 点
V 模型	强调了整个软件项目开发中需要经历的若干个测试级别,每个级别都与一个开发阶段相对应,但它没有明确指出应该对需求、设计进行测试
W 模型	对 V 模型进行了补充。强调了测试计划等工作的先行和对系统需求和系统设计的测试,但和 V 模型一样,没有专门针对软件测试的流程予以说明
H 模型	表现了测试是独立的。就每一个软件的测试细节来说,都有一个独立的操作流程,只要测试前提具备了,就可以开始进行测试
X 模型	体现测试设计、测试回溯的过程,帮助有经验的测试人员发现测试计划之外的软件错误
前置模型	前置模型将测试和开发紧密结合,反复交替地执行

2.5　测 试 用 例

2.5.1　简介

测试用例(Test Case)是指对一项特定的软件产品进行测试任务的描述,体现测试方案、方法、技术和策略。其内容包括测试目标、测试环境、输入数据、测试步骤、预期结果、测试脚本等,最终形成文档。简单地认为,测试用例是为某个特殊目标而编制的一组测试输入、执行条件以及预期结果,用于核实是否满足某个特定软件需求。

【例 2.1】　三角形测试举例。

题意:输入三角形的三条边 a、b、c,确定三角形的各种类型,设计三边的输入情况,如图 2.6 所示。

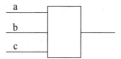

图 2.6　三角形三边取值测试

【解析】 假设在字长为 16 位的计算机上运行,则每个整数的取值有 2^{16} 种可能,对三角形的三边 a、b、c 进行穷举测试,则可能取值的排列组合共有 $2^{16} \times 2^{16} \times 2^{16} \approx 3 \times 10^{14}$ 种。也就是说,大约需要执行 3×10^{14} 次才能做到"穷尽"测试。假设测试 1 次需 1ms,执行共需 1 万年。

【例 2.2】 路径测试举例。

题意:流程图如图 2.7 所示,设计测试用例,保证所有的路径都被执行。

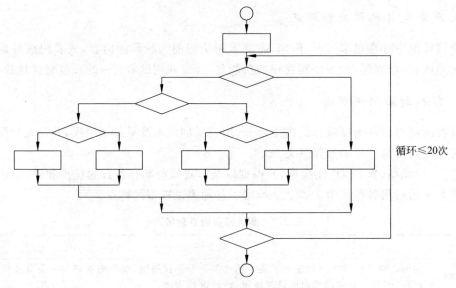

图 2.7 包含 20 次循环的路径测试

【解析】 流程图为一个执行达 20 次的循环,不同执行路径数高达 5^{20} 条,若要对它进行穷举测试,覆盖所有的路径,假设测试 1 条路径需 1ms,需要 31170 年。

因此,软件测试无法进行穷尽测试,需要根据某种原则设计测试用例,尽可能减少测试用例的数量。

2.5.2 测试用例作用

测试用例的作用主要体现在以下几个方面。

1. 指导测试的实施

针对单元测试、集成测试、系统测试和回归测试等不同阶段,测试用例的重点突出、目的明确,避免了盲目性。将测试用例作为测试的标准,严格按照测试用例的用例项目和测试步骤逐一实施测试。

2. 评估测试结果的度量基准

测试实施后对测试结果进行评估,如测试覆盖率、测试合格率等。

3. 保证软件的可维护性和可复用性

更新软件版本后,只需修改少部分的测试用例便可以开展工试,从而缩短了项目周期,良好的测试用例具有反复使用的性能,从而提高了测试效率。

4. 分析缺陷的标准

通过对比测试用例和缺陷数据库,分析是漏测还是缺陷复现。漏测反映了测试用例的不完善,应立即补充相应测试用例。

简单地说,使用测试用例的好处主要体现在以下几个方面。

(1) 开始实施测试之前设计好测试用例,可以避免盲目测试,并提高测试效率。

(2) 测试用例的使用令软件测试的实施重点突出、目的明确。

(3) 软件版本更新后,只需修正少部分的测试用例便可开展测试工作,降低工作强度,缩短项目周期。

(4) 功能模块的通用化和复用化使软件易于开发,而测试用例的通用化和复用化则会使软件测试易于开展,并随着测试用例的不断精化不断提高效率。

2.5.3　测试用例设计准则

测试用例是软件测试活动的主体,一般遵循如下设计原则。

1. 有效性

测试用例由输入数据和期望输出结果两部分组成。对于期望的输出,要有非常明确的描述,对于输入数据列出约束条件等,保证数据的有效性。

2. 经济性

设计的测试用例应能尽可能多地发现软件缺陷,避免那些得到相同测试效果的输入数据。

3. 完备性

设计测试用例不仅要选用合理的输入数据,也要考虑不合理的输入数据。

4. 可判定性

测试执行结果必须是可判定的,每一个测试用例都应有相应的期望结果。

5. 可再现性

测试结果的可再现性是指对同样的测试用例,执行结果应当是相同的。

2.5.4　测试用例的设计步骤

设计测试用例一般遵循如下 4 个步骤。

步骤 1:制定测试用例的策略和思想,在测试计划中描述出来。

步骤 2:设计测试用例的框架。

步骤 3:细化结构,逐步设计出具体的测试用例,包括如下内容。

① 设计出测试用例文档模板

编写测试用例文档应有文档模板,测试用例文档将受制于测试用例管理软件的约束。

② 根据不同事件设计测试用例

设计测试用例的事件有基本事件、备选事件和异常事件等。基本事件的测试用例应是系统包含必需的需求,覆盖率达 100%。而设计备选事件和异常事件的用例则要复杂许多。

步骤 4:通过测试用例的评审,不断优化测试用例。

2.5.5　测试用例维护

测试用例的维护一般分为以下几种情况。

(1)产品特性没变,只是根据漏掉的缺陷来完善测试用例。这时候,增加和修改测试用例均可,因为当前被修改的测试用例对相应的版本都有效,不会影响某个特定版本所拥有的测试用例。

(2)原有产品特性发生变化,不是新功能特性,而是功能增强,这时候原有的测试用例只对先前版本有效,对当前新的版本无效。此时,绝不能修改测试用例,只能增加新的测试用例,不能影响原有的测试用例。

(3)原有功能取消了,这时只要将与该功能对应的测试用例在新版本上置为空标志或"无效"状态,但不能删除这些测试用例,因为它们对先前某个版本还是有效的。

(4)完全新增加的特性,需要增加新的测试用例。对每个测试用例记录来说,针对每一个有效版本都有对应的标志位,通过这个标志位很容易实现上述维护需求。

2.5.6　测试用例设计的误区

设计测试用例往往有如下误区。

1. 把测试用例设计等同于测试输入数据的设计

测试用例的输入数据决定了测试的有效性和测试的效率。但是,测试用例中输入数据的确定只是测试用例设计的一个子集,测试用例设计还包括如何根据测试需求、设计规格说明等文档设计用例的执行策略、执行步骤、预期结果和组织管理形式等问题。

2. 测试用例设计得越详细越好

软件项目的成功是"质量、时间和成本"的最佳平衡,编写过于详细的测试用例会耗费大量资源。因此,必须分析被测试软件的特征,运用有效的测试用例设计手段,尽量使用较少的测试用例,同时满足合理的测试覆盖。编写测试用例的目的是为了有效地找出软件可能存在的缺陷。

3. 追求测试用例设计"一步到位"

任何软件项目的开发过程都处于不断变化的过程中。在测试过程中,可能发现设计测试用例考虑不周的地方,需要完善;用户可能对软件的功能提出新的需求变更,设计规格说明相应地更新,软件代码不断细化。设计软件测试用例与软件开发设计并行进行,必须根据软件设计的变化调整软件测试用例内容,修改模块的测试用例。

4. 将多个测试用例混在一个用例中

一个测试用例包含许多内容很容易引起混淆,从而使得测试结果很难记录。

2.6　测试停止标准

2.6.1　软件测试停止总体标准

软件受到测试成本或其他方面的条件制约,测试最终要停止。通常有如下 7 类终止测试的标准和依据。

标准 1:测试超过了预定时间,则终止测试。

标准 2:执行了所有的测试用例,但并没有发现故障,则终止测试。

标准 3:使用特定的测试用例设计方法作为判断测试停止的基础。

标准 4:给出测试停止的要求,例如发现并修改了 100 个软件故障。

标准 5:根据单位时内查出故障的数量决定是否停止测试。

标准 6:软件系统经过单元、集成、系统测试,分别达到单元、集成、系统测试停止标准。软件系统通过验收测试,并已得出验收测试结论。

标准 7:软件项目需暂停以进行调整时,测试应随之暂停,并备份暂停点数据。或者软件项目在开发生命周期内出现重大估算、进度偏差,需暂停或终止时,测试应随之暂停或终止,并备份暂停或终止点数据。

2.6.2　软件测试各阶段停止标准

软件系统的单元、集成、系统测试停止标准如下所示。

1. 单元测试停止标准

(1) 单元测试用例设计已经通过评审。

(2) 按照单元测试计划完成了所有规定单元的测试。

(3) 达到了测试计划中关于单元测试所规定的覆盖率的要求。

(4) 被测试的单元每千行代码必须发现至少 3 个错误。

(5) 软件单元功能与设计一致。

(6) 在单元测试中发现的错误已经得到修改,各级缺陷修复率达到标准。

2. 集成测试停止标准

(1) 集成测试用例设计已经通过评审。

(2) 按照集成构件计划及增量集成策略完成了整个系统的集成测试。

(3) 达到了测试计划中关于集成测试所规定的覆盖率的要求。

（4）被测试的集成工作版本每千行代码必须发现 2 个错误。

（5）集成工作版本满足设计定义的各项功能、性能要求。

（6）在集成测试中发现的错误已经得到修改，各级缺陷修复率达到标准。

3. 系统测试停止标准

（1）系统测试用例设计已经通过评审。

（2）按照系统测试计划完成了系统测试。

（3）达到了测试计划中关于系统测试所规定的覆盖率的要求。

（4）被测试的系统每千行代码必须发现 1 个错误。

（5）系统满足需求规格说明书的要求。

（6）在系统测试中发现的错误已经得到修改，各级缺陷修复率达到标准。

黑 盒 测 试

黑盒测试也称功能测试,通过测试来检测每个功能是否都能正常使用。本章介绍了黑盒测试的基本概念,就等价类划分、边界值分析、决策表、因果图、场景法、错误推测法等测试方法进行了详细解释。

3.1 概　　述

黑盒测试也称功能测试,着眼于程序外部结构,不考虑内部逻辑结构,把程序看做一个不能打开的黑盒子。在完全不考虑程序内部结构和内部特性的情况下,在程序接口进行测试,只检查程序功能是否按照需求规格说明书的规定正常使用,程序是否能适当地接收输入数据而产生正确的输出信息。

黑盒测试从用户的角度出发,以输入数据与输出数据的对应关系进行测试。如果外部特性本身有问题或规格说明的规定有误,黑盒测试方法就无法发现问题。黑盒测试法注重测试软件的功能需求,主要试图发现下列几类错误。

- 功能不正确或遗漏。
- 界面错误。
- 数据库访问错误。
- 性能错误。
- 初始化和终止错误等。

从理论上讲,黑盒测试只有采用穷举法输入测试,把所有可能的输入都作为测试情况考虑,才能查出程序中所有的错误。

黑盒测试用例设计方法包括等价类划分、边界值分析、决策表、因果图、场景法、错误推测法等测试方法。

3.2 等价类划分

等价类是指某个输入域的子集合。在该子集合中,测试某等价类的代表值就等于对这一类其他值的测试,对于揭露程序的错误是等效的。因此,全部输入数据合理划分为若干等价类,在每一个等价类中取一个数据作为测试的输入条件,就可以用少量代表性的测试数据取得较好的测试结果。

等价类划分为两种情况：有效等价类和无效等价类。

（1）有效等价类：对于程序的规格说明来说是合理的，有意义的输入数据构成的集合，利用有效等价类可检验程序是否实现了规格说明中所规定的功能和性能。

（2）无效等价类：与有效等价类相反，是指对程序的规格说明无意义、不合理的输入数据构成的集合。

3.2.1　划分原则

等价类划分原则如下所示。

（1）在输入条件规定了取值范围的情况下，可以确立一个有效等价类（在取值范围之内）和两个无效等价类（小于取值范围和大于取值范围）。例如，输入条件规定了 x 是 1～999 的整数。则等价类划分如图 3.1 所示。

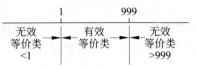

图 3.1　等价类划分举例

（2）在输入条件规定了取值个数的情况下，则可以确立一个有效等价类（在取值个数范围之内）和两个无效等价类（小于取值个数和大于取值个数）。例如，一名学生可以选修至多 5 门课程，则有效等价类为 1≤学生选修课程≤5，无效等价类为没有选修课程或选修课程大于 5。

（3）在输入条件规定了输入值集合的情况下，则可以确立一个有效等价类和一个无效等价类。例如，某取值范围是(3、4、8)，则有效等价类为 3、4 或 8，无效等价类是除 3、4 或 8 的任何一种。

（4）在输入条件规定了"必须如何"条件的情况下，则可以确立一个有效等价类和一个无效等价类。例如，变量名不能和关键字同名，则有效等价类为"变量名不和关键字同名"，无效等价类为"变量名和关键字同名"。

（5）在输入条件是一个布尔量的情况下，可以确立一个有效等价类和一个无效等价类。例如，手机的用户发送短信，则有效等价类为"扣费成功"，无效等价类为"扣费失败"。

（6）在规定了输入数据的一组值（假定 n 个），并且程序要对每一个输入值分别处理的情况下，可以确立 n 个有效等价类和 1 个无效等价类。

（7）在规定了输入数据必须遵守规则的情况下，可以确立一个有效等价类（符合规则）和若干个无效等价类（从不同角度违反规则）。

（8）在确知已划分的等价类中各元素在程序处理中的方式不同的情况下，则应再将该等价类进一步划分为更小的等价类。

3.2.2　设计测试用例步骤

采用等价类设计测试用例一般经历如下一些步骤。

（1）形成等价类表，每一等价类规定一个唯一的编号，如（1）、（2）、（3）等。

（2）设计测试用例，使其尽可能多地覆盖尚未覆盖的有效等价类，重复这一步骤，直到所有有效等价类均被测试用例所覆盖。

（3）设计一个新测试用例，使其只覆盖一个无效等价类，重复这一步骤直到所有无效等价类均被覆盖（通常，程序执行一个错误后不继续检测其他错误，故每次只测 1 个无效类）。

【例 3.1】　Pascal 语言版本中规定：标识符是由字母打头，后跟字母或数字的任意组合构成。有效字符数为 8 个，最大字符数为 80 个，并且规定如下。

① 标识符必须先说明，再使用。

② 在同一说明语句中，标识符至少出现一个。

要求：采用等价类划分设计有效等价类和无效等价类。

【解析】　等价类划分，如表 3.1 所示。

表 3.1　等价类划分

输　入　条　件	有效等价类	无效等价类
标识符个数	1 个(1)，多个(2)	0 个(3)
标识符字符数	1～8 个(4)	0 个(5)，>8 个(6)，>80 个(7)
标识符组成	字母(8)，数字(9)	非字母数字字符(10)，保留字(11)
第一个字符	字母(12)	非字母(13)
标识符使用	先说明后使用(14)	未说明已使用(15)

注：表中括号中的数字(1),(2),…,(15)代表等价类编号。

【例 3.2】　某城市电话号码由三部分组成。地区码由空白或 3 位数字组成；前缀是非'0'或'1'开头的 3 位数字；后缀是 4 位数字。采用等价类方法设计测试用例。

【解析】　步骤 1：等价类划分，如表 3.2 所示。

表 3.2　等价类划分

输　入　条　件	有效等价类	无效等价类
地区码	空白(1) 3 位数字(2)	有非数字字符(5) 少于 3 位数字(6) 多于 3 位数字(7)
前缀	从 200～999 之间的 3 位数字(3)	有非数字字符(8) 起始位为'0'(9) 起始位为'1'(10) 少于 3 位数字(11) 多于 3 位数字(12)
后缀	4 位数字(4)	有非数字字符(13) 少于 4 位数字(14) 多于 4 位数字(15)

步骤 2：设计测试用例，如表 3.3 所示。

表 3.3 测试用例

测试用例编号	输入数据			预期输出	覆盖等价类
	地区码	前缀	后缀		
1	空白	123	4567	接受(有效)	1,3,4
2	123	805	9876	接受(有效)	2,3,4
3	20A	123	4567	拒绝(无效)	5
4	33	234	5678	拒绝(无效)	6
5	1234	234	4567	拒绝(无效)	7
6	123	2B3	1234	拒绝(无效)	8
7	123	013	1234	拒绝(无效)	9
8	123	123	1234	拒绝(无效)	10
9	123	23	1234	拒绝(无效)	11
10	123	2345	1234	拒绝(无效)	12
11	123	234	1B34	拒绝(无效)	13
12	123	234	34	拒绝(无效)	14
13	123	234	23345	拒绝(无效)	15

3.3 边界值分析

实践证明,大量错误是发生在输入或输出范围的边界上,而不是发生在输入输出范围的内部。因此,针对各种边界情况设计测试用例,可以查出更多的错误。

常见的边界值如下所示。

(1) 文本框接受字符个数,比如用户名长度、密码长度等。

(2) 报表的第 1 行和最后 1 行。

(3) 数组元素的第 1 个和最后 1 个。

(4) 循环的第 1 次、第 2 次和倒数第 1 次、最后 1 次。

3.3.1 设计原则

边界值分析作为等价类划分方法的补充,不是选取等价类中的典型值或任意值作为测试数据,而是通过选择等价类的边界值作为测试用例。

基于边界值分析法选择测试用例有如下原则。

(1) 如果输入条件规定了值的范围,则应取刚达到这个范围边界的值,以及刚刚超越这个范围边界的值作为测试输入数据。

(2) 如果输入条件规定了值的个数,则用最大个数、最小个数、比最小个数少 1、比最大个数多 1 的数作为测试数据。

（3）如果规格说明书给出的输入域或输出域是有序集合,则应选取集合的第 1 个元素和最后 1 个元素作为测试用例。

（4）如果程序中使用了内部数据结构,则应选择内部数据结构边界上的值作为测试用例。

（5）分析规格说明,找出其他可能的边界条件。

3.3.2 两类方法

1. 一般边界值分析

对于含有 n 个变量的程序,取值为 min、min+、normal、max-、max,测试用例数目为 $4*N+1$。一般边界值分析法的输入变量 X_1、X_2 的取值范围是 $a \leqslant X_1 \leqslant b, c \leqslant X_2 \leqslant d$,如图 3.2 所示。

2. 健壮性边界值分析

健壮性边界值测试是边界值分析的一种扩展。变量除了取 min、min+、normal、max-、max 5 个边界值外,还要考虑略超过最大值（max+）以及略小于最小值（min-）的取值。因此,对于含有 n 个变量的程序,健壮性边界值分析产生 $6n+1$ 个测试用例。健壮性边界值分析的输入变量为 X_1、X_2,取值如图 3.3 所示。

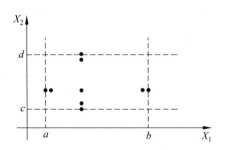
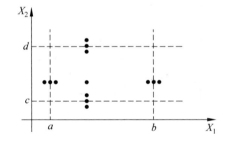

图 3.2　两变量的一般边界分析测试用例　　图 3.3　两变量的健壮性边界分析测试用例

3.3.3 应用举例

【例 3.3】　三角形问题：输入 a、b 和 c 作为三角形的 3 条边,通过程序判断由这 3 条边组成的三角形类型为等边三角形、等腰三角形、一般三角形或非三角形。（a、b、c 的取值范围为 1~100）

要求：采用边界分析法设计测试用例。

【解析】　根据题意,可得到如下三角形 3 边 a、b、c 必须满足如下条件。

条件 1：$1 \leqslant a \leqslant 100$　　　条件 2：$1 \leqslant b \leqslant 100$　　　条件 3：$1 \leqslant c \leqslant 100$

条件 4：$a < b+c$　　　　条件 5：$b < a+c$　　　　条件 6：$c < b+a$

三角形问题共有 3 个变量,故测试用例数目 $4*N+1 = 4*3+1 = 13$ 个,如表 3.4 所示。

表3.4 一般边界值分析设计三角形测试用例

测试用例	边长 a	边长 b	边长 c	预期输出
Test1	50	50	1	等腰三角形
Test2	50	50	2	等腰三角形
Test3	50	50	50	等边三角形
Test4	50	50	99	等腰三角形
Test5	50	50	100	非三角形
Test6	50	1	50	等腰三角形
Test7	50	2	50	等腰三角形
Test8	50	99	50	等腰三角形
Test9	50	100	50	非三角形
Test10	1	50	50	等腰三角形
Test11	2	50	50	等腰三角形
Test12	99	50	50	等腰三角形
Test13	100	50	50	非三角形

【三角形 C 语言代码】

```c
#include<stdio.h>
#include<math.h>
void main(void)
{
    float a,b,c;
    printf("Please input three line:\n");
    scanf("%f%f%f",&a,&b,&c);
    if(a>0 && b>0 && c>0 && a+b>c && b+c>a && a+c>b)
        if(a==b&&b==c)
            printf("等边三角形");
        else
            if(a==b||a==c||b==c)
                printf("等腰三角形");
            else
                if(a*a+b*b==c*c||a*a+c*c==b*b||b*b+c*c==a*a)
                    printf("直角三角形");
                else
                    printf("一般三角形");
    else
        printf("非三角形");

}
```

3.3.4 局限性

如果被测程序是多个独立变量的函数，这些变量受物理量的限制，则较适合采用边界值分析。这里的关键是"独立"的"物理量"。例如，Date 是 3 个变量(年、月、日)的函数，对其采用边界分析测试用例，就会发现测试用例是不充分的，例如，没强调 2 月和闰年。其存在问题是因为没有考虑月份、日期和年变量之间存在的依赖关系。由于边界值分析假设变量是完全独立的，因此此边界值分析测试用例是对物理量的边界独立导出变量极值，不考虑函数的性质，也不考虑变量的语义含义。

边界值分析对布尔变量和逻辑变量没有多大意义。例如，布尔变量的极值是 true 和 false，但是其余 3 个值不明确。

3.4 决 策 表

等价类划分法和边界值分析法只是孤立地考虑各个输入数据的测试效果，没有考虑输入数据的组合及其相互制约关系，而决策表考虑了多种条件的组合情况。决策表又称为判定表，分析多种逻辑条件(if-else、switch-case 等)与执行动作之间的关系。

决策表由 4 个部分组成，如图 3.4 所示。

(1) 条件桩：列出了问题的所有条件，通常认为列出的条件次序无关紧要。

图 3.4 决策表的组成

(2) 动作桩：列出了问题规定可能采取的操作，这些操作的排列顺序没有约束。

(3) 条件项：列出针对条件桩的取值，在所有可能情况下的真假值。

(4) 动作项：列出在条件项的各种取值情况下应该采取的动作。

规则：任何条件组合的特定取值及其相应要执行的操作。在决策表中贯穿条件项和动作项的列就是规则。显然，决策表中列出多少条件取值，也就有多少规则，条件项和动作项就有多少列。

所有条件都是逻辑结果(即真/假、是/否、0/1)的决策表称为有限条件决策表。如果条件有多个值，则对应的决策表叫做扩展条目决策表。决策表设计测试用例，条件解释为输入，动作解释为输出。决策表适合以下特征的应用程序。

(1) if-then-else 分支逻辑突出。

(2) 输入变量之间存在逻辑关系。

(3) 涉及输入变量子集的计算。

(4) 输入和输出之间存在因果关系。

(5) 很高的圈复杂度。

决策表中具有 n 个条件的有限条目决策表有 2^n 个规则，要减少规则数目，可以使用扩展条目决策表、代数简化表、查找条件条目的重复模式等方法。

【例 3.4】 表 3.5 所示为打印机工作用决策表，右上部分的 Y 表示它左边的条件成立，F 表示条件不成立，空白表示这个条件成立与否并不影响动作的选择。决策表右下部分中画"√"，表示做它左边的相应动作，空白表示不做这项动作。

表 3.5 使用决策表设计打印机的测试用例

条件	不能打印	Y	Y	Y	Y	N	N	N
	红灯闪	Y	Y	N	N	Y	Y	N
	不能识别打印机	Y	N	Y	N	Y	N	Y
动作	检查电源线				√			
	检查打印机数据线	√			√			
	检查是否安装驱动程序	√			√		√	√
	检查墨盒	√	√				√	
	检查是否卡纸			√		√		

3.4.1 应用举例

决策表（判定表）设计测试用例的具体步骤如下。

（1）确定规则的个数。假如有 n 个条件，每个条件有两个取值（0,1），故有 2^n 种规则。

（2）列出所有的条件桩和动作桩。

（3）填入条件项。

（4）填入动作项，得到初始判定表。

（5）简化，合并相似规则（相同动作）。

简化就是合并多条具有相同的动作的规则，并且其条件项之间存在极为相似的关系。

① 如图 3.5 所示，其左端的两规则动作项一样，条件项类似，在 1、2 条件项分别取 Y、N 时，无论条件 3 取何值，都执行同一操作，即要执行的动作与条件 3 无关。于是可合并。"－"表示与取值无关。

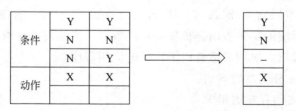

图 3.5 简化规则

② 如图 3.6 所示，无关条件项"－"可包含其他条件项取值，相同动作的规则可合并。

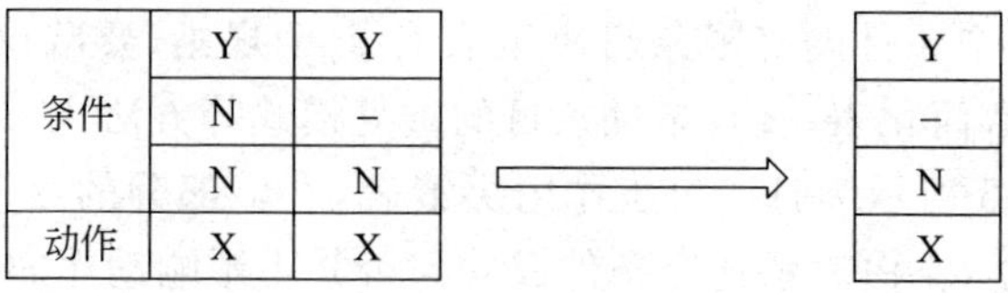

图 3.6 简化规则

【例 3.5】　某国有企业改革重组,对职工重新分配工作的政策是:年龄在 20 岁以下者,初中文化程度脱产学习,高中文化程度当电工;年龄在 20～40 岁者,中学文化程度男性当钳工,女性当车工,大学文化程度都当技术员。年龄在 40 岁以上者,中学文化程度当材料员,大学文化程序当技术员。请用决策表描述上述问题的加工逻辑。

【解答】　步骤 1:分析程序规格说明书,识别哪些是原因,哪些是结果,原因往往是输入条件或者输入条件的等价类,而结果常常是输出条件。原因和结果如表 3.6 所示。

表 3.6　原因结果表

条　件	取　值	符　号	取　值　数
年龄	<＝20	C	M1＝3
	>20,<40	D	
	>＝40	E	
文化程度	中学	G	M2＝3
	高中	H	
	大学	I	
性别	男	M	M3＝2
	女	F	

步骤 2:根据决策表设计测试用例,根据公式 M1 * M2 * M3＝3 * 3 * 2＝18 列,由题意及规则进行简化,结果如表 3.7 所示。

表 3.7　决策表

		1	2	3	4	5	6	7	8	9	10
条件	年龄	C	C	D	D	D	D	D	E	E	E
	文化	G	H	H	G	G	H	I	G	H	I
	性别	-	-	M	M	F	F	-	-	-	-
动作	脱产学习	√									
	电工		√								
	钳工			√	√						
	车工					√	√				
	技术员							√			√
	材料员								√	√	

【例 3.6】　采用决策表方法设计三角形类型的测试用例。

【解析】　决策表如表 3.8 所示。

表 3.8　三角形问题的决策表

	序号	1	2	3	4	5	6	7	8
条件	a+b>c?	N	Y	Y	Y	Y	Y	Y	Y
	a+c>b?	-	N	Y	Y	Y	Y	Y	Y
	b+c>a?	-	-	N	Y	Y	Y	Y	Y
	a=b?	-	-	-	Y	Y	N	N	N
	a=c?	-	-	-	Y	N	Y	N	N
	b=c?	-	-	-	-	-	-	Y	N
动作	非三角形	√	√	√					
	不等边三角形								√
	等腰三角形					√	√	√	
	等边三角形				√				

3.4.2　优点和缺点

决策表把复杂问题的各种可能情况一一列出,易于理解。但是,决策表不能表达重复执行动作的缺点。

B.Bézier 指出,使用判定表设计测试用例的条件如下。

(1) 规格说明以判定表形式给出,或很容易转换成判定表。

(2) 条件的排列顺序不会也不影响执行哪些操作。

(3) 规则的排列顺序不会也不影响执行哪些操作。

(4) 每当某一规则的条件已经满足,并确定要执行的操作后,不必检验别的规则。

(5) 如果某一规则得到满足要执行多个操作,这些操作的执行顺序无关紧要。

这 5 个必要条件使得操作的执行完全依赖于条件的组合。对于不满足条件的判定表,可增加其他的测试用例。

3.5　因　果　图

因果图利用图解法分析输入的各种组合情况,适合描述多种输入条件的组合、相应产生多个动作的方法。因果图具有如下好处。

(1) 考虑多个输入之间的相互组合、相互制约关系。

(2) 指出需求规格说明描述中存在不完整性和二义性等问题。

(3) 帮助测试人员按照一定的步骤高效率地开发测试用例。

但是,因果图也存在如下缺陷。

(1) 作为输入条件的原因和输出结果之间的因果关系,有时候很难从软件规格说明书中得到。

(2) 因果图得到的测试用例数量规模大,导致测试工作量惊人。

3.5.1　基本术语

下面介绍因果图的基本图形符号。

1. 原因——结果图

原因——结果图使用了简单的逻辑符号，以直线连接左右结点。左结点表示输入状态(原因)，右结点表示输出状态(结果)。图 3.7 表示规格说明中的 4 种因果关系，其中 ci 表示原因，通常置于图的左部；ei 表示结果，通常在图的右部。ci 和 ei 均可取值 0 或 1(0 表示某状态不出现，1 表示某状态出现)。

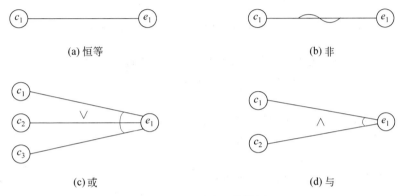

图 3.7　原因——结果图

图 3.7(a)表示"恒等"：若原因出现，则结果出现；若原因不出现，则结果不出现。

图 3.7(b)表示"非"：若原因出现，则结果不出现；若原因不出现，则结果出现。

图 3.7(c)表示"或"：若几个原因中有一个出现，则结果出现；若几个原因都不出现，则结果不出现。

图 3.7(d)表示"与"：若几个原因都出现，结果才出现；若其中有一个原因不出现，则结果不出现。

2. 约束图

输入输出状态相互之间存在的某些依赖关系，称为约束。例如，某些输入条件不可能同时出现等，如图 3.8 所示。

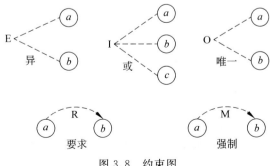

图 3.8　约束图

(1) E(互斥)：表示 2 个原因不会同时成立,2 个中最多有 1 个可能成立。

(2) I(包含)：表示 3 个原因中至少有 1 个必须成立。

(3) O(唯一)：表示 2 个原因中必须有 1 个,且仅有 1 个成立。

(4) R(要求)：表示 2 个原因中的 a 出现时,b 也必须出现,b 不可能不出现。

(5) M(屏蔽)：表示 a 是 1 时,b 必须是 0。

因果图设计测试用例遵循如下步骤,如图 3.9 所示。

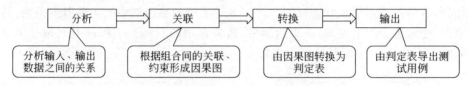

图 3.9 因果图生成测试用例的步骤示意图

步骤 1：分析软件规格说明,哪些是原因(即输入条件或输入条件的等价类),哪些是结果(即输出条件),给每个原因和结果赋予标识符。

步骤 2：分析原因与结果之间、原因与原因之间对应的逻辑关系,用因果图表示。

步骤 3：由于语法或环境限制,有些原因与原因之间、原因与结果之间的组合情况不可能出现,在因果图上用一些记号表明这些特殊情况的约束或限制条件,把因果图转换为判定表。

步骤 4：从判定表的每一列产生出测试用例。

对于逻辑结构复杂软件,先用因果图进行图形分析,再用判定表进行统计,最后设计测试用例。当然,对于比较简单的测试对象,可以忽略因果图,直接使用决策表。

3.5.2 应用举例

【例 3.7】 软件需求规格说明如下：第一列字符必须是 A 或 B,第二列字符必须是一个数字,在此情况下进行文件的修改。但如果第一列字符不正确,则给出信息 L;如果第二列字符不是数字,则给出信息 M。

要求：采用因果图设计测试用例。

【解答】 采用因果图方法,具体步骤如下所示。

① 分析程序规格说明书,识别哪些是原因,哪些是结果,原因往往是输入条件或者输入条件的等价类,而结果常常是输出条件,如下所示。

原因：

• 1-第一列字符是 A。

• 2-第一列字符是 B。

• 3-第二列字符是一数字。

结果：

• 21-修改文件。

• 22-给出信息 L。

• 23-给出信息 M。

② 根据原因和结果产生因果图,如图 3.10 所示。

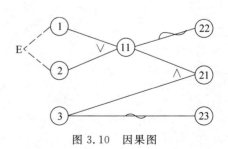

图 3.10 因果图

③ 原因 1 和原因 2 不能同时为 1,即第一个字符不可能既是 A 又是 B,有 6 种取值,如表 3.9 所示。

表 3.9 决策表

		1	2	3	4	5	6
原因	1	1	1	0	0	0	0
	2	0	0	1	1	0	0
	3	1	0	1	0	1	0
结果	21	1	0	1	0	0	0
	22	0	0	0	0	1	1
	23	0	1	0	1	0	1
测试用例		A3 A5	AM AN	B5 B4	BN B!	C2 X6	DY P;

【例 3.7 C 语言代码】

```
#include<stdio.h>
void main()
{
    char ch[2];
    printf("请输入字符:");
        scanf("%s",ch);
        if(ch[0]!='A'&& ch[0]!='B')
            printf("L");
        else
        {
            if(ch[1]>='0'&&ch[1]<='9')
            {
                printf("修改文件");
            }

            else
            {
            printf("M");
            }
        }

}
```

3.6 场 景 法

软件系统中流程的控制由事件触发决定。例如,申请项目,需先提交审批单据,再由部门经理审批,通过后由总经理来最终审批,如果审批不通过,则退回。这样,事件不同的触发顺序和处理结果形成事件流,每个事件流触发时的情景便形成了场景。通过运用场景来对系统的功能点或业务流程进行描述,可以提高测试效果。场景法一般包含基本流和备用流,从一个流程开始,通过描述经过的路径来确定过程,经过遍历所有的基本流和备用流来完成整个场景。

3.6.1 基本流和备选流

场景法的描述如图 3.11 所示,图中经过用例的每条路径都用基本流和备选流来表示,直黑线表示基本流,是经过用例的最简单路径。备选流用不同的色彩表示,一个备选流可能从基本流开始,在某个特定条件下执行,然后重新加入基本流(如备选流 1 和 3)中;也可能起源于另一个备选流(如备选流 2),或者终止用例而不再重新加入到某个流(如备选流 2 和 4)中。

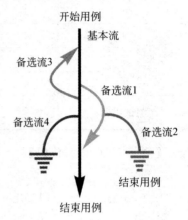

图 3.11 基本流和备选流

场景法的基本设计步骤如下。

① 根据说明,描述程序的基本流及各项备选流。

② 根据基本流和各项备选流生成不同的场景。

③ 对每一个场景生成相应的测试用例。

④ 对生成的所有测试用例重新复审,去掉多余的测试用例,确定测试用例后,对每一个测试用例确定测试数据值。

图 3.11 中有一个基本流和四个备选流。每个经过用例的可能路径,确定不同的用例场景。从基本流开始,再将基本流和备选流结合起来,可以确定以下用例场景:

场景 1:基本流

场景 2:基本流→备选流 1

场景 3:基本流→备选流 1→备选流 2

场景 4:基本流→备选流 3

场景 5:基本流→备选流 3→备选流 1

场景 6:基本流→备选流 3→备选流 1→备选流 2

场景 7:基本流→备选流 4

场景 8:基本流→备选流 3→备选流 4

3.6.2 应用举例

【例 3.8】 采用场景法设计 ATM 系统的测试用例。

图 3.12 为 ATM 系统的用例图。

【解析】

(1)找出基本流和备选流。

ATM 系统中的基本流和备选流如表 3.10 所示。

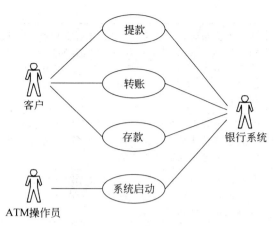

图 3.12　ATM 流程示意图

表 3.10　基本流和备选流

基本流	本用例的开始是 ATM 处于准备就绪状态	
	步骤 1:	准备提款:客户将银行卡插入 ATM 机的读卡机
	步骤 2:	验证银行卡:ATM 机从银行卡的磁条中读取账户代码,并检查它是否属于可以接受的银行卡
	步骤 3:	输入 PIN 码(4 位)验证账户代码和 PIN,验证账户代码和 PIN,以确定该账户是否有效以及所输入的 PIN 对该账户来说是否正确。对于此事件流,账户是有效的,而且 PIN 对此账户来说正确无误输入
	步骤 4:	ATM 选项:ATM 显示在本机上可用的各种选项。在此事件流中,银行客户通常选择"提款"
	步骤 5:	输入金额:要从 ATM 中提取的金额。对于此事件流,客户需选择预设的金额(10 元、20 元、50 元或 100 元)。授权 ATM 通过将卡 ID、PIN、金额以及账户信息作为一笔交易发送给银行系统来启动验证过程。对于此事件流,银行系统处于联机状态,而且对授权请求给予答复,批准完成提款过程,并且据此更新账户余额
	步骤 6:	出钞:提供现金
	步骤 7:	返回银行卡:银行卡被返还
	步骤 8:	收据:打印收据并提供给客户。ATM 还相应地更新内部记录
	用例结束时 ATM 又回到准备就绪状态	
备选流 1—银行卡无效	在基本流步骤 2 中验证银行卡,如果卡是无效的,则卡被退回,同时会通知相关消息	
备选流 2—ATM 内没有现金	在基本流步骤 4 中的 ATM 选项,选项将无法使用。如果 ATM 内没有现金,则"提款"选项不可用	
备选流 3—ATM 内现金不足	在基本流步骤 5 中输入金额,如果 ATM 机内的金额少于请求提取的金额,则将显示一则适当的消息,并且在步骤 6 输入金额处重新加入基本流	

备选流 4—PIN 有误	在基本流步骤 3 中验证账户和 PIN,客户有 3 次机会输入 PIN。如果 PIN 输入有误,ATM 将显示适当的消息;如果还存在输入机会,则此事件流在步骤 3 输入 PIN 处重新加入基本流。如果最后一次尝试输入的 PIN 码仍然错误,则该卡将被 ATM 机保留,同时 ATM 返回到准备就绪状态,本用例终止
备选流 5—账户不存在	在基本流步骤 3 中验证账户和 PIN,如果银行系统返回的代码表明找不到该账户或禁止从该账户中提款,则 ATM 显示适当的消息,并且在步骤 8 返回银行卡处重新加入基本流
备选流 6—账面金额不足	在基本流步骤 6 授权中,银行系统返回代码表明账户余额少于在基本流步骤 5 输入金额内输入的金额,则 ATM 显示适当的消息,并且在步骤 5 输入金额处重新加入基本流
备选流 7—达到每日最大的提款金额	在基本流步骤 6 授权中,银行系统返回的代码表明,包括本提款请求在内,客户已经或将超过在 24 小时内允许提取的最多金额,则 ATM 显示适当的消息,并在步骤 5 输入金额上重新加入基本流
备选流 x—记录错误	如果在基本流步骤 9 收据中记录无法更新,则 ATM 进入"安全模式",在此模式下所有功能都将暂停使用。同时向银行系统发送一条适当的警报信息,表明 ATM 已经暂停工作
备选流 y—退出	客户可随时决定终止交易(退出)。交易终止,银行卡随之退出
备选流 z—"翘起"	ATM 包含大量的传感器,用以监控各种功能,如电源检测器、不同的门和出入口处的测压器以及动作检测器等。在任一时刻,如果某个传感器被激活,则警报信号将发送给警方,而且 ATM 进入"安全模式"。在此模式下,所有功能都暂停使用,直到采取适当的重启/重新初始化的措施

第一次迭代中,根据迭代计划,我们需要核实提款用例已经正确地实施。此时尚未实施整个用例,只实施了下面的事件流:
基本流—提取预设金额(10 元、20 元、50 元、100 元)
备选流 2—ATM 内没有现金
备选流 3—ATM 内现金不足
备选流 4—PIN 有误
备选流 5—账户不存在/账户类型有误
备选流 6—账面金额不足

(2) 场景设计。

从基本流和备选流中推理出 ATM 的场景,如表 3.11 所示。

表 3.11 场景设计

场 景	处 理 流 程	
场景 1—成功提款	基本流	
场景 2—ATM 内没有现金	基本流	备选流 2
场景 3—ATM 内现金不足	基本流	备选流 3
场景 4—PIN 有误(还有输入机会)	基本流	备选流 4

场　　景	处 理 流 程	
场景 5—PIN 有误(不再有输入机会)	基本流	备选流 4
场景 6—账户不存在/账户类型有误	基本流	备选流 5
场景 7—账户余额不足	基本流	备选流 6

注：备选流 3 和 6(场景 3 和 7)内的循环以及循环组合未纳入上表。

（3）用例设计。

从 ATM 的场景推出测试用例,一般采用矩阵或决策表来确定和管理测试用例。6 个测试用例执行了 4 个场景。测试用例 CW1 为正面测试用例,沿着用例的基本流路径执行,而测试用例 CW2~CW6 为负面测试用例,以确保只有在符合条件的情况下才执行基本流。表 3.12 中的"行"代表各个测试用例,"列"代表测试用例的信息。V 表示这个条件必须是有效的才可执行基本流,I 表示这种条件下将激活所需备选流 ,n/a 表示这个条件不适用于测试用例。

表 3.12　测试用例表

TC(测试用例)ID 号	场景/条件	PIN	账号	输入(或选择)的金额	账面金额	ATM 内的金额	预期结果
CW1	场景 1：成功提款	V	V	V	V	V	成功提款
CW2	场景 2：ATM 内没有现金	V	V	V	V	I	提款选项不可用,用例结束
CW3	场景 3：ATM 内现金不足	V	V	V	V	I	警告消息,返回基本流步骤 5,输入金额
CW4	场景 4：PIN 有误(还有不止一次输入机会)	I	V	n/a	V	V	警告消息,返回基本流步骤 3,输入 PIN
CW5	场景 4：PIN 有误(还有一次输入机会)	I	V	n/a	V	V	警告消息,返回基本流步骤 3,输入 PIN
CW6	场景 4：PIN 有误(不再有输入机会)	I	V	n/a	V	V	警告消息,卡予保留,用例结束

每个场景只有一个正面测试用例和负面测试用例是不充分的,场景 4 正是这样的一个示例。要全面地测试场景 4—PIN 有误,至少需要 3 个正面测试用例,以激活场景 4,如下所示。

（1）输入了错误的 PIN,但仍存在输入机会,此备选流重新加入基本流中的步骤 3—输入 PIN。

（2）输入了错误的 PIN,而且不再有输入机会,则此备选流将保留银行卡并终止用例。

（3）最后一次输入了"正确"的 PIN。备选流在步骤 5—输入金额处重新加入基本流。

（4）数据设计。

一旦确定了所有的测试用例,则应对这些用例进行复审和验证,以确保其准确且适度,并取消多余或等效的测试用例,如表 3.13 所示。

表 3.13　测试用例表

TC(测试用例)ID 号	场景/条件	PIN	账号	输入(或选择)的金额(元)	账面金额(元)	ATM 内的金额(元)	预期结果
CW1	场景 1：成功提款	4987	678-498	50.00	500.00	2000	成功提款。账户余额被更新为 450.00
CW2	场景 2：ATM 内没有现金	4987	678-498	100.00	500.00	0.00	提款选项不可用,用例结束
CW3	场景 3：ATM 内现金不足	4987	678-498	100.00	500.00	70.00	警告消息,返回基本流步骤 5,输入金额
CW4	场景 4：PIN 有误(还有不止 1 次输入机会)	4978	678-498	n/a	500.00	2000	警告消息,返回基本流步骤 3,输入 PIN
CW5	场景 4：PIN 有误(还有 1 次输入机会)	4978	678-498	n/a	500.00	2000	警告消息,返回基本流步骤 3,输入 PIN
CW6	场景 4：PIN 有误(不再有输入机会)	4978	678-498	n/a	500.00	2000	警告消息,卡予保留,用例结束

　　测试用例一经认可,就可以确定实际数据值,并且设定测试数据。以上测试用例只是在本次迭代中需要用来验证提款用例的一部分测试用例。需要的其他测试用例包括以下内容。

　　场景 6—账户不存在/账户类型有误：未找到账户或账户不可用。

　　场景 6—账户不存在/账户类型有误：禁止从该账户中提款。

　　场景 7—账户余额不足：请求的金额超出账面金额。

3.7　错误推测法

3.7.1　概念

　　错误推测法是利用经验和直觉推测出出错的可能类型,列举出程序中所有可能的错误和容易发生错误情况的清单,根据清单设计测试用例。所谓凭经验,是指人们对过去所作测试结果的分析,对所揭示缺陷的规律性直觉的推测来发现缺陷。

　　错误推测法往往没有固定的方法,而是一些非常规办法,在回归测试中应用较多。错误推测法一般采用如下技术。

　　(1) 有关软件设计方法和实现技术。

　　(2) 有关前期测试阶段结果的知识。

　　(3) 测试类似或相关系统的经验,了解以前这些系统曾在哪些地方出现缺陷。

　　(4) 典型的产生错误的知识,如被零除错误。

(5) 通用的测试经验规则。

3.7.2 优缺点

错误推测法有如下优点。

(1) 不用设计等价类的测试用例,将多个等价类的测试合成一个随机测试,可以以较少代码实现测试代码的编写。

(2) 当等价类设计不确切或不完全时,测试会产生遗漏,而使用错误推测法则是按照概率进行等价类覆盖。不论存在多少个等价类,只要随机数据个数足够,就能保证各个等价类被覆盖的概率足够高,能够有效弥补等价类分法设计不充分的缺陷。

(3) 采用错误推测法进行测试,每次执行测试时,测试的样本数据可能都不相同,执行次数愈多,错误暴露的概率愈大。

错误推测法的缺点主要如下。

(1) 错误推测法中的随机数据很难覆盖到边界值,无法保证测试的充分性。

(2) 错误推测法进行自动化测试的难度较大。有些程序很难用程序来自动验证,这使得程序结果的验证工作难度变大。

(3) 当等价类的范围较小,这些范围较小的等价类被覆盖的概率也是很小的,错误推测法难以测试到。

(4) 随机测试不可以代替常规的功能或非功能测试,因为其随意性大,没有一套完整严格的方法且并非有章可循的测试技术。

3.8 综 合 策 略

等价类划分是通过等价类划分减少测试用例的绝对数量,适用于强数据类型语言编程的"输入—处理—输出"结构化的程序体系结构。但等价类划分只是机械地从对应等价类中选择输入值,而不考虑其应用领域的相关知识。例如,NextDate 函数含有 3 个变量(year、month、day),由于日期、月份和年变量之间存在相互依赖关系,对于 2 月和闰年的测试,等价类划分方法就不充分。边界值分析通过分析输入变量的边界值域设计测试用例,适合于当被测程序含有多个独立变量的函数,而且这些变量受物理量限制的情况。边界值分析对布尔变量和逻辑变量没有多大意义。在基于决策表的测试中,通过分析被测程序的逻辑依赖关系构造决策表,进而设计测试用例。

等价类划分、边界值分析和决策表方法生成测试用例的数量与开发测试用例所需工作量的对比如图 3.13 所示。

黑盒测试方法有等价类划分、边界值分析、决策表、因果图、场景法、错误推测法等,每种测试方法都有其各自的特点和适用场合。软件测试专家 Myers 给出了黑盒测试方法中各种测试方法的使用策略。

(1) 在任何情况下都必须使用边界值分析方法。经验表明,用这种方法设计的测试用例发现程序错误的能力最强。

(2) 必要时使用等价类划分方法补充一些测试用例。

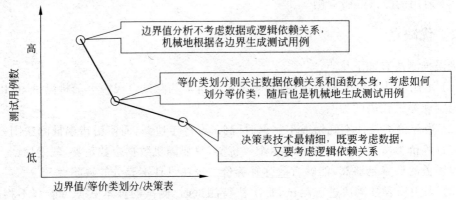

图 3.13　测试用例的数量与开发测试用例所需工作量的对比图

（3）用错误推测法再追加一些测试用例。

（4）对照程序逻辑，检查已设计出的测试用例的逻辑覆盖程度，如果没有达到要求的覆盖标准，应当再补充足够的测试用例。

（5）如果程序的功能说明中含有输入条件的组合情况，则一开始就可选用因果图法。

总之，对于功能性测试技术，可以根据如下条件进行选择。

（1）如果变量引用的是物理量，可采用定义域测试和等价类测试。

（2）如果变量是独立的，则可以用定义域测试和等价类测试。

（3）如果变量不是独立的，可采用决策表测试。

（4）如果为单缺陷假设，则可采用边界值分析和健壮性测试。

（5）如果为多缺陷假设，可采用最坏情况测试、健壮最坏情况测试和决策表测试。

（6）如果程序包含大量例外处理，可采用健壮性测试和决策表测试。

（7）如果变量引用的是逻辑量，可采用等价类测试用例和决策表测试。

白盒测试

本章介绍了白盒测试的相关内容,包括白盒测试的历程、逻辑覆盖、路径分析、控制结构测试、数据流测试和程序插桩等。其中,逻辑覆盖包括语句覆盖、判定覆盖、条件覆盖、条件判定覆盖、修正条件判定覆盖和条件组合覆盖。控制结构测试包括条件测试、循环测试和 Z 路径测试。数据流测试包括变量定义/引用分析和程序片等。

4.1 白盒测试发展史

白盒测试是把测试对象看做打开的盒子,允许测试人员利用程序内部的逻辑结构及有关信息设计或选择测试用例,通过在不同点检查程序状态确定实际状态是否与预期的状态一致。白盒测试测试软件产品的内部结构和处理过程,而不测试软件产品的功能,用于纠正软件系统在描述、表示和规格上的错误,是进一步测试的前提。

白盒测试大致经历了如下 4 代变迁。

第 1 代白盒测试。软件测试发展初期,人们通常以单步调试代替测试,或采用 assert 断言、print 语句等简单方式进行测试。这一时期的测试是半手工的,没实现自动化,测试效果也严重依赖测试者的个人能力,缺少统一规范的评判标准,测试过程难以重用,测试结果难以评估与改进。

第 2 代白盒测试将测试操作用形式化语言(也称测试脚本)来表述,脚本可以组合成测试用例,测试用例组合成测试集,测试集用测试工程管理。另外,代码覆盖率功能使测试结果可以评估,直观地看到哪些代码或分支未被覆盖,从而进行针对性的测试。目前,市面上 CodeTest、Visual Tester、C++ Tester 等都属于第 2 代白盒测试工具。

第 3 代白盒测试解决了重复测试问题,使得测试操作被规范格式记录,当被测对象没变化或变化很少时,测试用例可以反复重用。当然,如果源码大幅调整,甚至重构,要维持测试用例同步更新,则第 3 代白盒测试技术仍无法解决。第 3 代白盒测试工具以 xUnit 为代表,包括 JUnit、DUnit、CppUnit 等。

相对第 3 代白盒测试方法而言,第 4 代白盒测试方法将测试设计、执行与改进等测试过程融入软件的整个开发全过程,解决了持续测试的问题。

从评估测试效果、自动测试、持续测试和调测一体等几个方面比较白盒测试第 1 代到第 4 代的测试方法,如表 4.1 所示。

表4.1　白盒测试的历程

	评估测试效果	自动测试	持续测试	调测一体
第1代	否	否	否	否
第2代	是	是	否	否
第3代	是	是	是	否
第4代	是	是	是	是

白盒测试分为静态测试和动态测试。静态白盒测试是在不执行的条件下有条理地仔细审查软件设计、体系结构和代码,从而找出软件缺陷的过程,有时也称为结构分析。动态白盒测试也称结构化测试,通过查看并使用代码的内部结构设计和执行测试。

4.2　静态测试

静态测试有代码检查、静态结构分析等方法。

4.2.1　代码检查

代码检查主要检查代码的可读性、逻辑表达的正确性、结构的合理性等方面。相对动态测试,代码检查能够快速找到大约 $30\%\sim70\%$ 的逻辑设计错误和编码缺陷。代码检查一般在编译和动态测试之前进行,具有走查、审查或伙伴检查等方法,如表4.2所示。

表4.2　走查、评审、伙伴检查的对比

事　项	走　查	审查(评审)	伙伴检查
准备	通读设计和编码	应准备好需求描述文档、程序设计文档、程序的源代码清单、代码编码标准和代码缺陷检查表	没有准备
形式	非正式会议	正式会议	
主持人	任何人	由非该软件的编制人员组成	没有
参加人员	开发人员为主,2～7人小组	3～6人小组,项目组成员,包括测试人员	1～2人
主要技术方法	无	缺陷检查表	无
注意事项	限时、不要现场修改代码	限时、不要现场修改代码	无
生成文档	会议记录	静态分析错误报告	口头评论
目标	代码标准规范、无逻辑错误	代码标准规范、无逻辑错误	无
优点	能使更多人熟悉产品	费用低	费用低
缺点	查出故障较少	短期成本高	查出故障较少

1) 走查

走查是在开发组内部进行,不像软件审查那么正式。准备工作一般由主持人负责,参加人员只需要简单地参加会议,通过个人检查和阅读等手段来查找错误,检查逻辑错误和代码是否符合标准、规范和风格等错误,具有不在现场修改等特点。

2)审查

审查,又称评审,由开发组、测试组和相关人员(QA、产品经理等)联合进行,通过会议的形式,采用讲解、提问并使用检查表方式进行。一般有正式的计划、流程和结果报告。其中,同行(对等)评审是指由与工作产品开发人员具有同等背景和能力的人员对工作产品进行的评审,其目的是有效消除软件的缺陷。

实践表明,软件审查是一种有效且切实可行的验证方法,往往可以发现 30%～70%的逻辑设计错误和编码错误。

3)伙伴检查

由于软件审查的短期费用比较高,因此常常针对核心代码挑选几个人,采用伙伴检查的形式进行测试。通常是在编写代码的程序员和充当审查者的其他一两个程序员或测试人员之间进行。

4.2.2 静态结构分析

在静态结构分析中,测试者通过使用测试工具分析程序源代码数据结构等控制逻辑,生成函数调用关系图等,用于检查函数之间的调用关系是否符合要求,是否存在递归调用,函数的调用是否过深,是否存在孤立函数等,用于检测系统是否存在结构缺陷。

静态结构分析主要完成如下工作。

1)发现的程序欠缺

(1) 用错的局部变量和全程变量。

(2) 不匹配的参数。

(3) 不适当的循环嵌套和分支嵌套。

(4) 不适当的处理顺序。

(5) 无终止的死循环。

(6) 未定义的变量。

(7) 不允许的递归。

(8) 调用并不存在的子程序。

(9) 遗漏了标号或代码。

(10) 不适当的连接。

2)找到潜伏的问题根源

(1) 未使用过的变量。

(2) 不会执行到的代码。

(3) 未引用过的标号。

(4) 可疑的计算。

(5) 潜在的死循环。

3)提供间接涉及程序欠缺的信息

(1) 每一类型语句出现的次数。

（２）所用变量和常量的交叉引用表。

（３）标识符的使用方式。

（４）过程的调用层次。

（５）违背编码规则。

4.3 代码质量度量

4.3.1 代码覆盖率

代码覆盖率主要用于评判代码质量，一般情况下，代码覆盖率高的代码出错的几率会相对低一些。检测代码覆盖率有如下好处。

1）尽早评估代码质量

代码覆盖率找出不断增长但没有相应测试的代码。例如，某软件的代码覆盖率开始是 70%，而后下降到 60%，则可以推断出软件包的代码行增加，但并没有为新代码编写相应的测试（或者是新增加的测试不能有效地覆盖新代码），从而能够监控代码的情况。

2）为功能测试关注点提供信息

覆盖报告在指出没有经过足够测试的代码部分方面非常有效，质量保证人员可以使用这些数据来评定与功能测试有关的关注区域，可以更有针对性地加强这些区域的测试，因为没有被测试代码覆盖到的区域的出错几率相对应该更高。

3）估计修改已有代码所需的时间

经过测试的代码更容易重构、维护，也更容易理解和修改。因此，通过实际测试覆盖可以准确地预知修改已有代码所需的时间等信息。

4.3.2 代码度量方法

代码度量最常用的方法有代码行、功能点和 McCabe 复杂度 3 种度量方法。代码行以代码的行数作为计算的基准。功能点数用来表示软件系统的规模。McCabe 复杂度又称圈复杂度，用图论来计算软件的复杂度。

1. 代码行

代码行（Lines of Code，LOC）是从软件程序员的角度来定义软件规模。直观地说，软件的代码行数越多，软件规模也就越大。由于软件代码行的数目相对容易度量，当开发类似项目时，便可借助以往软件项目的代码行数度量当前软件的规模。

用代码行的数目来表示软件项目的规模虽然较为直观，但也有如下缺点：在软件项目初期需求不稳定、设计不成熟、实现不确定的情况下很难较为精确地估算出最终软件系统的代码行数；软件项目代码行的数目通常依赖于程序设计语言的功能和表达能力，采用不同的开发语言，代码行数可能不一样。

2. 功能点

1979 年，IBM 公司的 Alan Albrecht 提出了计算功能点（Function Point，FP）的方

法。功能点以一个标准的单位来度量软件产品的功能,与实现产品所使用的语言和技术无关。该方法需要对软件系统的两个方面进行评估,即评估软件系统所需的内部基本功能和外部基本功能,然后根据技术复杂度因子对这两个方面的评估结果进行加权量化,产生软件系统功能点数目的具体计算值。

软件系统功能点的计算公式如下所示:

$$FP = UFC \times (0.65 + 0.01 \times SUM(Fi))(Fi(i=1,2,3,\cdots,14))$$

其中,未调整功能点计数值(Unadjusted Function Point Count,UFC)是用户输入数、用户输出数、用户查询数、文件数和外部接口数共 5 个参数的"加权和",根据功能的复杂度不同分配不同的权重,如表 4.3 所示。

表 4.3　UFC 的 5 个参数及其权重

参　　数	加权因子		
	简单	一般	复杂
用户输入数	3	4	6
用户输出数	4	5	7
用户查询数	3	4	6
文件数	7	10	15
外部接口数	5	7	10

$Fi(i=1,2,3,\cdots,14)$ 是 14 个技术因素的"权重调节值",一般取值为 0~5 之间的任一整数,如表 4.4 所示。

表 4.4　技术因素及其取值

编　　号	技　术　因　素	Fi 的取值(0,1,2,3,4,5)
F_1	系统需要可靠的备份和复原吗?	
F_2	系统需要数据通信吗?	0——没有影响
F_3	系统有分布处理功能吗?	
F_4	性能是临界状态吗?	1——偶有影响
F_5	系统是否在一个实用的操作系统下运行?	
F_6	系统需要联机数据项吗?	
F_7	联机数据项是否在多屏幕或多操作之间进行切换?	2——轻微影响
F_8	需要联机更新主文件吗?	3——平均影响
F_9	输入、输出、查询和文件很复杂吗?	
F_{10}	内部处理复杂吗?	
F_{11}	代码需要被设计成可重用吗?	4——较大影响
F_{12}	设计中需要包括转换和安装吗?	
F_{13}	系统的设计支持不同组织的多次安装吗?	5——严重影响
F_{14}	应用的设计方便用户修改和使用吗?	

【例 4.1】 软件项目 UFC 的计算结果如表 4.5 所示。

表 4.5 软件项目 X 的 UFC 值

参数\取值×权重	加权因子			最终值
	简单	一般	复杂	
用户输入数	6×3	2×4	5×6	56
用户输出数	7×4	6×5	5×7	103
用户查询数	2×3	0×4	5×6	36
文件数	0×7	3×10	3×15	75
外部界面数	2×5	3×7	4×10	71
UFC=				341

【解析】

UFC 的计算方法是将所有参数计数项加权求和,表中的数据项表示各参数在各种复杂级别下的取值与权重值的乘积。UFC 的计算结果为 341。

假设该软件项目的 14 个权重调节值全部取平均程度,即取值为 3,则 14 个权重调节值的累加值 $SUM(Fi)=42$。

根据公式 $FP=UFC\times(0.65+0.01\times SUM(Fi))(i=1,2,3,\cdots,14)$ 可知,该软件项目的功能点 $FP=341\times(0.65+0.01\times 42)=364.87$,即该软件的规模大致为 364 个功能点。

功能点使得软件系统的功能与实现该软件系统的语言和技术无关,而且在软件开发的早期阶段,可通过对用户需求的理解获得软件系统的功能点数目,因而该方法可以较好地克服基于代码行的软件项目规模表示方法的不足。但是,由于功能点计算主要靠经验公式,主观因素比较多;该方法没有直接涉及算法的复杂度,不适合算法比较复杂的软件系统;此外,计算功能点所需的数据不好采集。

大量实践表明:软件系统的功能点和代码行二者之间存在某种对应关系,如表 4.6 所示。

表 4.6 功能点和代码行之间的换算关系

序　　号	程序设计语言	代码行/功能点
1	汇编语言	320
2	C	150
3	COBOL	105
4	Fortran	105
5	Pascal	91
6	Ada	71
7	PL/1	65

续表

序 号	程序设计语言	代码行/功能点
8	Prolog/LISP	64
9	Smalltalk	21
10	代码生成器	15

根据该表的数据,如果一个功能点用汇编语言来实现,大约需要 320 行代码,如果用 C 语言来实现,大约需要 150 行代码,如果用 Smalltalk 语言来实现,大约需要 21 行代码。从另一个角度看,该表反映了不同程序设计语言的描述能力是不一样的。

3. 圈复杂度

假设某程序的控制流图如图 4.1 所示,计算其圈复杂度。

计算控制流图的圈复杂度 V(G) 有如下几种方法。

方法 1:圈复杂度 $V(G) = E - N + 2$

参数说明:E 是流图中边的数量,N 是流图中结点的数量。

在图 4.1 中,E 为 10,N 为 7,则 $V(G) = 10 - 7 + 2 = 5$,则圈复杂度为 5。

方法 2:圈复杂度 $V(G)$ 为控制流图中的区域数。

图 4.1 中的区域数为 5,故 $V(G) = 5$。

方法 3:圈复杂度 $V(G) = P + 1$

参数说明:P 是流图 G 中判定(谓词)结点的数量。

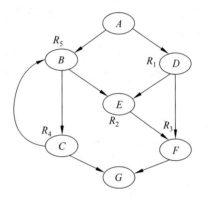

图 4.1 控制流图 G

图 4.1 中的判定结点为 A、B、C、D,即 $P = 4$,则 $V(G) = P + 1 = 4 + 1 = 5$。

方法 4:采用连接矩阵

说明:将控制流图转化为连接矩阵,若矩阵中某行含两个或两个以上项,则此行为一个判定节点,其后采用方法 3 即可。

图 4.1 转化为 7 行 7 列的连接矩阵,如表 4.7 所示。a、b、c、d 四行中都含有两个项,故判定结点为 4。

表 4.7 连接矩阵

	a	b	c	d	e	f	g
a		1		1			
b			1		1		
c		1					1
d					1	1	

续表

	a	b	c	d	e	f	g
e						1	
f							1
g							

4.4 逻辑覆盖

逻辑测试,又称为控制流覆盖,是一种按照程序内部逻辑结构和编码结构设计测试用例的测试方法。目的是要测试程序中的语句,判定(控制流能够分解为不同路径的程序点),条件(形成判定的原子谓词)等。根据覆盖的标准不同,分为语句覆盖、判定覆盖、条件覆盖、条件判定覆盖、修正条件判定覆盖、增强条件判定覆盖、条件组合覆盖和路径覆盖等标准。

下面通过例 4.2 讲解逻辑覆盖的各种测试方法。

【例 4.2】 用 C++ 实现简单的数学运算。

```
1.  Dim a,b As Integer
2.    Dim c As Double
3.    If (a>0 And b>0) Then
4.        c=c/a
5.    End if
6.    If (a>1 or c>1) Then
7.        c=c+1
8.    End if
9.    c=b+c
```

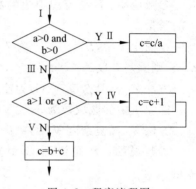

图 4.2　程序流程图

例 4.2 的流程图如图 4.2 所示。其中,Ⅰ、Ⅱ、Ⅲ、Ⅳ、Ⅴ是控制流上若干程序点。

4.4.1 语句覆盖

语句覆盖(Statement Coverage,SC)又称为线覆盖面或段覆盖面。其含义是指设计若干个测试用例,使被测程序中每条可执行语句至少执行 1 次。

(1)"可执行语句"不包括像 C++ 的头文件声明、代码注释、空行等,它用于统计能够执行的代码的行数。语句覆盖常常被人指责为"最弱的覆盖",由于不考虑各种分支的组合等,因此不能发现判断中逻辑运算符的错误。

(2)"若干个测试用例"意味着使用测试用例越少越好。

(3)语句覆盖率=被测试到的语句数量/可执行的语句总数×100%。

语句覆盖设计例 4.2 的测试用例中,a=2,b=2,c=4,则程序按照路径 Ⅰ→Ⅱ→Ⅲ→Ⅳ→Ⅴ执行,程序段中的 5 个语句均被执行,符合语句覆盖定义。但是,如果测试用例选择了 a＝2,b＝－2,c＝4,程序按照路径 Ⅰ→Ⅲ→Ⅳ→Ⅴ执行,则未能达到语句覆盖目的。

语句覆盖测试方法仅仅针对程序逻辑中的显式语句,无法测试隐藏条件。例 4.2 中的第一个逻辑运算符 And 误写成 or,测试用例 a＝2,b＝2,c＝4 仍能达到语句覆盖的要求,但是并未发现程序中的误写错误。

4.4.2　判定覆盖

判定覆盖(Decision Coverage,DC),又称为分支覆盖或所有边覆盖,测试控制结构中的布尔表达式分别为真和假(例如 if 语句和 while 语句)。布尔型表达式被认为是一个整体,取值为 true 或 false,而不考虑内部是否包含"逻辑与"或者"逻辑或"等操作符。

判定覆盖的基本思想,是指设计的测试用例使程序中每个判定至少分别取"真"分支和取"假"分支各一次,即判断真假值均被满足。

判定覆盖设计例 4.2 的测试用例如表 4.8 或表 4.9 所示。

表 4.8　判定覆盖测试用例

测试用例	a＞0 and b＞0	a＞1 or c＞1	执行路径
a＝1,b＝1,c＝3	T	T	Ⅰ→Ⅱ→Ⅲ→Ⅳ→Ⅴ
a＝1,b＝－2,c＝－3	F	F	Ⅰ→Ⅲ→Ⅴ

表 4.9　判定覆盖测试用例

测试用例	a＞0 and b＞0	a＞1 or c＞1	执行路径
a＝1,b＝1,c＝－3	T	F	Ⅰ→Ⅱ→Ⅲ→Ⅴ
a＝1,b＝－2,c＝3	F	T	Ⅰ→Ⅲ→Ⅳ→Ⅴ

作为语句覆盖的超集,判定覆盖比语句覆盖要多几乎一倍的测试路径,当然也就具有比语句覆盖更强的测试能力。同样,判定覆盖也具有和语句覆盖一样的简单性,无须细分每个判定就可以得到测试用例。但是,往往大部分的判定语句是由多个逻辑条件组合而成(如判定语句中包含 and、or、case),判定覆盖仅仅判断其整个最终结果,而忽略判定内部的每个条件的取值情况,因此必然会遗漏部分测试路径。例如,"or"表达式的第一个条件为真,则第二个条件就不测试。又例如,"and"表达式中第一个关系为假,则第二个就不进行判定。分析下面一段 C 语言代码。

```
If(condition1 && condition2)
    Statement1;
Else
    Statement2;
```

当判定 condition1 和 condition2 的取值为真时,执行 Statement1 表达式;当判定 condition1 取值为假时,则执行 Statement2 表达式。可知只需判定 condition1 取值为假,而不管 condition2 取何值,则执行 Statement2 表达式。可以看到,这段代码的控制结构的执行中,操作符"&&"排除 condition2 的影响。

4.4.3 条件覆盖

条件覆盖(Condition Coverage,CC)是设计测试用例,使每个判断中每个条件的可能取值至少满足 1 次。

条件覆盖设计例 4.2 的测试用例,针对 a>0 and b>0 判定条件表达式,a>0 取值为"真",记为 T1;a>0 取值为"假",记为 F1;b>0 取值"真",记为 T2;b>0 取值为"假",记为 F2;条件表达式 a>1 or c>1,a>1 取值为"真",记为 T3;a>1 取值为"假",记为 F3;c>1 取值为"真",记为 T4;c>1 取值为"假",记为 F4,如表 4.10 所示。

表 4.10　条件覆盖测试用例

测 试 用 例	覆 盖 条 件	具体取值条件	执 行 路 径
a=2,b=−1,c=−2	T1, F2, T3, F4	a>0,b<=0,a>1,c<=1	Ⅰ→Ⅲ→Ⅳ→Ⅴ
a=−1,b=2,c=3	F1, T2, F3, T4	a<=0,b>0,a<=1,c>1	Ⅰ→Ⅲ→Ⅳ→Ⅴ

条件覆盖只能保证每个条件有 1 次为真、1 次为假,而不考虑所有的判定结果。表 4.4 中的测试用例 a=2,b=−1 和测试用例 a=−1,b=2 满足了条件覆盖的测试用例,保证了 a>0 and b>0 两个条件的可能值(True 和 False)至少满足 1 次。但是,由于测试用例的所有判定结果都是 False,并没有满足判定覆盖。所以条件覆盖不一定包含判定覆盖。

4.4.4 条件判定覆盖

既然判定条件不一定包含条件覆盖,条件覆盖也不一定包含判定覆盖,就自然会提出一种能同时满足两种覆盖标准的逻辑覆盖,这就是条件判定覆盖或者判定-条件覆盖(Condition/Decision Coverage,C/DC)。其英文原文如下所示:Condition/Decision Coverage—it combines the requirements for decision coverage with chose for condition coverage. That is, there must be sufficient test cases to toggle the decision outcome between true and false and to toggle each condition value between true and false. 解释为:条件判定覆盖的含义是通过设计足够的测试用例,使得判断条件中的所有条件可能至少执行 1 次取值,同时所有判断的可能结果至少执行 1 次。因此,条件判定覆盖的测试用例满足如下条件。

(1)所有条件可能至少执行 1 次取值。

(2)所有判断的可能结果至少执行 1 次。

条件判定覆盖设计例 4.2 测试用例如表 4.11 所示。

表 4.11　判定-条件覆盖测试用例

测 试 用 例	覆 盖 条 件	执 行 路 径
a=2,b=1,c=5	T1, T2,T3, T4	Ⅰ→Ⅱ→Ⅲ→Ⅳ→Ⅴ
a=−1,b=−2,c=−3	F1, F2,F3, F4	Ⅰ→Ⅲ→Ⅴ

条件判定覆盖能同时满足判定、条件两种覆盖标准,是判定和条件覆盖设计方法的交集,具有两者的简单性,却没有两者的缺点。表面上,条件判定覆盖测试了所有条件的取值,但事实并非如此,往往某些条件掩盖了另一些条件,并没有覆盖所有的 True 和 False 取值的条件组合情况,会遗漏某些条件取值错误的情况。为彻底地检查所有条件的取值,需要分解判定语句中给出的复合条件表达式,形成由多个基本判定嵌套的流程图。这样就可以有效地检查所有的条件是否正确了。

4.4.5　修正条件/判定覆盖

修正条件/判定覆盖(Modified Condition/Decision Coverage,MC/DC)。其英文原文如下所示:Modified Condition/Decision Coverage—every point of entry and exit in the program has been invoked at least once, every condition in the program has taken all possible outcomes at least once, and each condition in a decision has been shown to independently affect a decision's outcome by varying just that condition while holding fixed all other possible conditions。解释为:更改的条件判定覆盖是判定中每个条件的所有可能结果至少出现 1 次,每个判定本身的所有可能结果也至少出现 1 次,并且每个条件都显示能单独影响判定结果。

MC/DC 定义的第一部分是标准的语句覆盖,第一和第二部分是条件/判定覆盖准则,其后是 MC/DC 特有的判定条件。定义中最关键的字是“独立影响”,也就说明每一次每一个判定条件发生改变,必然会导致一次判定结果的改变,消除判定中的某些条件会被其他条件所掩盖的问题,从而使得测试更加完备。MC/DC 的目的就是消除测试过程中各个单独条件之间的相互影响,并且保证每个单独条件能够分别影响判定结果的正确性。

例如,A OR B 全部测试用例组合如表 4.12 所示。

表 4.12　A OR B 全部测试用例组合表

测试用例	A	B	结　果
1	T	T	T
2	T	F	T
3	F	T	T
4	F	F	F

注:为描述方便,T 表示条件为真(TRUE),F 表示条件为假(FALSE)。

测试用例对(2,4)说明条件 A 独立地影响测试结果,测试用例对(3,4)说明条件 B 独立地影响测试结果,所以采用测试用例对(2,3,4)进行测试,以满足 MC/DC 覆盖准则。

MC/DC 继承了语句覆盖准则、条件判定覆盖准则、多重条件覆盖等判定条件,同时加入了新的判定条件。例如,表 4.6 中的 A OR B 误写为 A AND B,因为 T∩T＝T∪T,且 F∩F＝F∪F,两者所得到的判定结果相同,由此可说明,虽然使用了条件判定覆盖(C/DC)准则来测试语句,一些错误不能检测出来。但如果使用 MC/DC 方法,就可以发现这样的错误,原因是 T∪F 值为 T,而 T∩F 值为 F,由此可说明中间的操作符号发生了错误。MC/DC 具有如下优点。

(1)继承了多重条件覆盖的优点。

(2)线性增加了测试用例的数量。

(3)对操作数及非等式条件变化反应敏感。

(4)具有更高的目标码覆盖率。

在许多软件系统中,尤其是以嵌入式和实时性为特征的航空机载软件中,MC/DC 得到广泛的应用。如 MC/DC 已经被应用于 RTCA/DO-178B 标准当中,这个标准主要用于美国测试飞行软件安全性的审查。

4.4.6 条件组合覆盖

条件组合覆盖(Multiple Condition Coverage,MCC)的基本思想是设计测试用例使得判断中每个条件的所有可能至少出现 1 次,并且每个判断本身的判定结果也至少出现 1 次,与条件覆盖的差别是条件组合覆盖不是简单地要求每个条件都出现"真"与"假"两种结果,而是要求这些结果的所有可能组合都至少出现 1 次。

条件组合覆盖是一种相当强的覆盖准则,可以有效地检查各种可能的条件取值组合是否正确。它不但可覆盖所有条件可能取值的组合,还可覆盖所有判断的可取分支,但仍可能会遗漏掉有的路径,测试还不完全。

条件组合覆盖设计例 4.2 的测试用例,表 4.13 给出了条件组合覆盖的条件划分,表 4.14 给出了条件组合覆盖测试用例。

表 4.13 条件组合覆盖的条件划分

编 号	覆盖条件取值	判 定 取 值	具体条件取值
1	T1,T2	表达式 a>0 And b>0 取 Y	a>0,b>0
2	T1,F2	表达式 a>0 And b>0 取 N	a>0,b<=0
3	F1,T2	表达式 a>0 And b>0 取 N	a<=0,b>0
4	F1,F2	表达式 a>0 And b>0 取 N	a<=0,b<=0
5	T3,T4	表达式 a>1 or c>1 取 Y	a>1,c>1
6	T3,F4	表达式 a>1 or c>1 取 Y	a>1,c<=1
7	F3,T4	表达式 a>1 or c>1 取 Y	a<=1,c>1
8	F3,F4	表达式 a>1 or c>1 取 N	a<=1,c<=1

表 4.14 条件组合覆盖测试用例

测 试 用 例	覆盖条件	覆 盖 判 定	覆盖组合	执 行 路 径
a=2,b=1,c=5	T1,T2,T3,T4	表达式 a>0 And b>0 取 Y 分支;表达式 a>1 or c>1 取 Y 分支	编号 1,编号 5	Ⅰ→Ⅱ→Ⅲ→Ⅳ→Ⅴ

续表

测试用例	覆盖条件	覆盖判定	覆盖组合	执行路径
$a=2,b=-1,c=-2$	T1,F2,T3,F4	表达式 a>0 And b>0 取 N 分支;表达式 a>1 or c>1 取 Y 分支	编号2,编号6	Ⅰ→Ⅲ→Ⅳ→Ⅴ
$a=-1,b=2,c=3$	F1,T2,F3,T4	表达式 a>0 And b>0 取 N 分支;表达式 a>1 or c>1 取 Y 分支	编号3,编号7	Ⅰ→Ⅲ→Ⅳ→Ⅴ
$a=-1,b=-2,c=-3$	F1,F2,F3,F4	表达式 a>0 And b>0 取 N 分支;表达式 a>1 or c>1 取 N 分支	编号4,编号8	Ⅰ→Ⅲ→Ⅴ

条件组合覆盖准则满足判定覆盖、条件覆盖和判定/条件覆盖准则,但线性地增加了测试用例的数量,却不能保证所有的路径被执行测试,仍有可能有部分路径被遗漏,测试还不够全面。如表 4.8 所示,覆盖条件虽然不同,但出现了 Ⅰ→Ⅲ→Ⅳ→Ⅴ 相同的执行路径,缺少了 Ⅰ→Ⅱ→Ⅲ→Ⅴ 路径。

4.4.7　路径覆盖

路径覆盖设计例 4.2 测试用例如表 4.15 所示。

表 4.15　路径覆盖设计测试用例

测试用例	执行路径	测试用例	执行路径
$a=2,b=1,c=5$	Ⅰ→Ⅱ→Ⅲ→Ⅳ→Ⅴ	$a=-1,b=2,c=3$	Ⅰ→Ⅲ→Ⅳ→Ⅴ
$a=1,b=1,c=-3$	Ⅰ→Ⅱ→Ⅲ→Ⅴ	$a=-1,b=-2,c=-3$	Ⅰ→Ⅲ→Ⅴ

相对于其他逻辑覆盖法,路径覆盖的覆盖率最大。但随着程序代码复杂度的增加,测试工作量将呈指数级增长。例如,包含 10 个 if 语句的代码,就有 $2^{10}=1024$ 个路径要测试,如果增加一个 if 语句,就有 $2^{11}=2048$ 个路径要测试。

4.5　路径分析

4.5.1　简介

路径分析测试法,是在程序控制流图的基础上,通过分析控制构造的环路复杂性导出独立路径集合,设计测试用例的方法。程序的所有路径作为一个集合,这些路径集合中必然存在一个最短路径,这个最小的路径称为基路径或独立路径。

路径分析与测试法的主要步骤如下所示。

步骤 1:绘制控制流图。

以详细设计或源代码作为基础,导出程序的控制流图。

步骤 2:计算圈复杂性 V(G)。

圈复杂度 V(G)为程序逻辑复杂性提供定量的测度,该度量用于计算程序的基本独立路径数目,确保所有语句至少执行一次的测试数量的上界。

步骤3:确定独立路径的集合。

独立路径是指至少引入程序的一个新处理语句集合或一个新条件的路径,即独立路径必须包含一条在定义之前不曾使用的边。

步骤4:测试用例生成。

设计测试用例的数据输入和预期结果,确保基本路径集中每条路径的执行。

4.5.2 控制流图

程序流程图用于描述程序的结构性,采用不同图形符号标明条件或者处理的有向图,为了突出控制流结构,将其简化为控制流图。控制流图由许多结点和连接结点的边组成,其中一个结点代表一条语句或数条语句,边代表结点间控制流向,用于显示函数的内部逻辑结构,如图4.3所示。

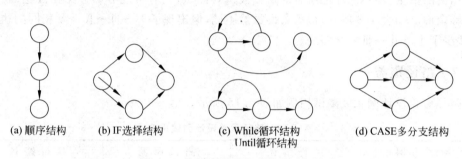

(a) 顺序结构　　(b) IF选择结构　　(c) While循环结构　　(d) CASE多分支结构
　　　　　　　　　　　　　　　　　　Until循环结构

图4.3　控制流图的基本符号示意图

(1)节点:以标有编号的圆圈表示,用于表示程序流程图中矩形框、菱形框的功能,是一个或多个无分支的语句或源程序语句。

(2)控制流线或弧:以箭头表示,与程序流程图中的流线功能一致,表示控制的顺序。控制流线通常标有名字,如图中所标的a、b、c等。

程序流程图简化成控制流图的过程中,须注意以下情况:

(1)在选择或多分支结构中,分支的汇聚处应有一个汇聚结点。

(2)边和结点圈定的区域称为区域。需要注意,图形外的区域也应记为一个区域。

【例4.3】　给出下面程序段的控制流图。

```
if a or b
    x
else
    y
```

【解析】　控制流图如图4.4所示。

【例4.4】　如图4.5所示,(a)图为程序流程图,(b)图表示(a)图转化的控制流图。

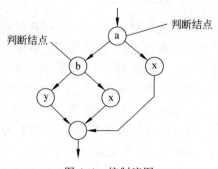

图4.4　控制流图

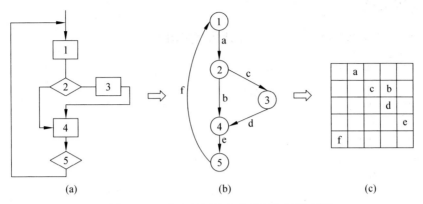

图 4.5　程序流程图转化为控制流图示意图

　　将控制流图表示成矩阵的形式,称为控制流图矩阵。一个图形矩阵是一个方阵,其行列数目为控制流图中的结点数,行列依次对应到一个被标识的结点,矩阵元素对应到结点间的连接。控制流图的结点用数字标识,边用字母标识,第 i 结点到第 j 结点有 x 边相连接,则对应的图形矩阵中第 i 行与第 j 列有一个非空的元素 x。

　　图 4.5(c)表示图 4.5(b)的控制流图矩阵。控制流图的 5 个结点决定图 4.5(c)矩阵共有 5 行 5 列。矩阵中的 5 个元素 a、b、c、d、e 和 f 的位置对应所在控制流图中的号码。其中,弧 d 在 4.5(b)图中连接了结点 3 至结点 4,故图 4.5(c)矩阵中的 d 处于第 3 行第 4 列。需要注意控制流图的连接方向,图 4.5(b)中节点 4 到节点 3 没有弧,因此矩阵中第 4 行第 3 列没有元素。

　　为了评估程序的控制结构,控制流图矩阵项加入连接权值,连接权值为控制流提供了如下附加信息。

　　(1)执行连接(边)的概率。

　　(2)穿越连接的处理时间。

　　(3)穿越连接时所需的内存。

　　(4)穿越连接时所需的资源。

　　最简单的情况是连接权值为 1(存在连接)或 0(不存在连接),如图 4.6 所示,将控制流图矩阵转化为连接矩阵。字母替换为 1,表示存在边,其中含两个或两个以上项的行表示此行含有判定结点。

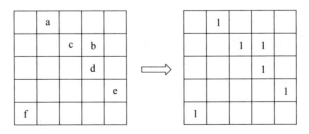

图 4.6　控制流图矩阵转化为连接矩阵

4.5.3 应用举例

【例 4.5】 使用基本路径测试方法设计测试用例。

```
int Sort(int iRecordNum, int iType)
1  {
2    int  x=0;
3    int  y=0;
4    while (iRecordNum==0)
5    {
6      If (iType==0)
7          x=y+2;
8      else
9      If (iType==1)
10         x=y+10;
11      else
12         x=y+20;
13    }
14  Return x }
```

【解答】

步骤 1：将程序段的程序流程图（图 4.7）转化为控制流图（图 4.8）。

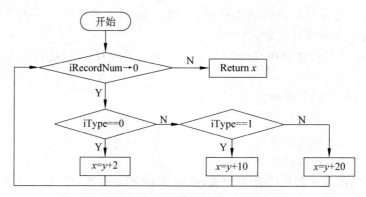

图 4.7 程序流程图

步骤 2：根据控制流图计算圈复杂度 V(G)。

圈复杂度 V(G)＝10（条边）－8（个结点）＋2＝4

步骤 3：根据圈复杂度计算独立路径。

Path1：4→14

Path2：4→6→7→14

Path3：4→6→8→10→13→4→14

Path4：4→6→8→11→13→4→14

步骤 4：根据独立路径设计测试用例。

Path1：4→14

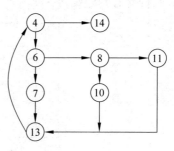

图 4.8 控制流图

输入数据：　iRecordNum＝0

预期结果：$x=0$，$y=0$

Path2：4→6→7→14

输入数据：　iRecordNum＝1，iType＝0

预期结果：$x=2$

Path3：4→6→8→10→13→4→14

输入数据：　iRecordNum＝1,iType＝1

预期结果：$x=10$

Path4：4→6→8→11→13→4→14

输入数据：　iRecordNum＝1，iType＝2

预期结果：$x=20$

4.6　控制结构测试

4.6.1　条件测试

条件测试是检查程序模块中所包含逻辑条件的测试用例设计方法。一个简单条件是一个布尔变量或一个可能带有 NOT(¬)操作符的关系表达式。关系表达式的形式如下所示。

E1<关系操作符>E2

其中，E1 和 E2 是算术表达式,而<关系操作符>是下列符号之一：＜、≤、＝、≠(¬＝)、＞或≥。复杂条件由简单条件、布尔操作符和括号组成。假定可用于复杂条件的布尔算子包括 OR(|)、AND(&)和 NOT(¬),不含关系表达式的条件称为布尔表达式。所以,条件的成分类型包括布尔操作符、布尔变量、布尔括号(简单或复杂条件)、关系操作符或算术表达式。如果条件不正确,则至少有一个条件成分不正确,这样,条件的错误类型如下。

(1)布尔操作符错误(遗漏布尔操作符,布尔操作符多余或布尔操作符不正确)。

(2)布尔变量错误。

(3)布尔括号错误。

(4)关系操作符错误。

(5)算术表达式错误。

分支测试可能是最简单的条件测试策略,对于复合条件 C 的真分支、假分支以及 C 中的每个简单条件,都需要至少执行一次。

域测试(Domain Testing)通过分析程序输入域的数据,从有理表达式中导出 3 个或 4 个测试进行测试。有理表达式的形式如下所示：

E1<关系操作符>E2

3 个测试分别用于计算 E1 的值是大于、等于或小于 E2 的值。如果<关系操作符>

错误,而 E1 和 E2 正确,则这三个测试能够发现关系算子的错误。为了发现 E1 和 E2 的错误,计算 E1 小于或大于 E2 的测试应使两个值间的差别尽可能小。

有 n 个变量的布尔表达式需要 $2n$ 个(每个变量分别取值为真或为假这两种可能值的组合数)可能的测试。这种策略可以发现布尔操作符、变量和括号的错误,但是只有在 n 很小时使用。

K. C. Tai 建议在上述技术之上建立条件测试策略,称为 BRO(Branch and Relational Operator)的测试保证能发现布尔变量和关系操作符只出现一次,而且没有公共变量条件中的分支和条件操作符错误。

BRO 策略利用条件 C 的条件约束。有 n 个简单条件的约束定义为 $(D1,D2,\cdots,Dn)$,其中,$Di(0<i\leqslant n)$ 表示第 i 个简单条件的输出约束。如果在 C 的执行过程中,C 的每个简单条件的输出都满足 D 中对应的约束,则称条件 C 的条件约束 D 由 C 的执行所覆盖。

对于布尔变量 B,B 输出的约束说明必须是真(T)或假(F)。类似地,对于关系表达式,符号 <、=、> 用于指定表达式输出的约束。

作为第一个例子,考虑下列条件。

C1:B1&B2

其中,B1 和 B2 是布尔变量。C1 的条件约束式如 $(D1,D2)$,其中,D1 和 D2 是 t 或 f,值 (t,f) 是 C1 的条件约束,由使 B1 为真、B2 为假的测试所覆盖。BRO 测试策略要求约束集 $\{(t,t),(f,t),(t,f)\}$ 由 C1 的执行所覆盖,如果 C1 由于布尔算子的错误而不正确,至少有一个约束强制 C1 失败。

作为第二个例子,考虑下列条件。

C2:B1&(E3=E4)

其中,B1 是布尔表达式,而 E3 和 E4 是算术表达式。C2 的条件约束形式如 $(D1,D2)$,其中 D1 是 t 或 f,D2 是 <、= 或 >。除了 C2 的第二个简单条件是关系表达式以外,C2 和 C1 相同,所以可以修改 C1 的约束集 $\{(t,t),(f,t),(t,f)\}$,得到 C2 的约束集,注意(E3=E4)的 t 意味着 =,而(E3=E4)的 f 意味着 > 或 <。分别用 $(t,=)$ 和 $(f,=)$ 替换 (t,t) 和 (f,t),并用 $(t,<\backslash<>)$ 和 $(t,>)$ 替换 (t,f),就得到 C2 的约束集 $\{(t,=),(f,=),(t,<),(t,>)\}$。上述条件约束集的覆盖率将保证检测 C2 的布尔和关系算子的错误。

作为第三个例子,考虑下列条件。

C3:(E1>E2)&(E3=E4)

其中,E1、E2、E3 和 E4 是算术表达式。C3 的条件约束形式如 $(D1,D2)$,其中,$D1$ 和 $D2$ 是 <、= 或 >。除了 C3 的第一个简单条件是关系表达式以外,C3 和 C2 相同,所以可以修改 C2 的约束集,得到 C3 的约束集,结果为

$\{(>,=),(=,=),(<,=),(>,>),(>,<)\}$

上述条件约束集能够保证检测 C3 的关系操作符的错误。

4.6.2　循环测试

循环结构是程序设计中最多的结构,由循环体及循环控制条件两部分组成。一般有如下几种循环:简单循环、串接循环、嵌套循环等,如图 4.9 所示。

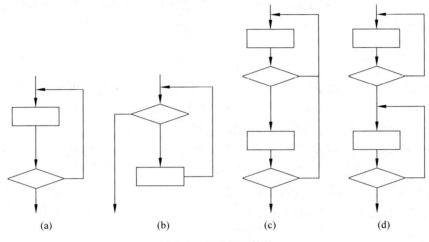

图 4.9　几种循环结构

对于 do-while 循环,循环测试确定是否执行了每个循环体只有一次还是多于一次。对于 while 循环和 for 循环,循环测试确定是否执行了多于一次,具体如下所示。

1) 简单循环

简单循环如图 4.9(a)和(b)所示。考虑循环次数的边界值和接近边界值的情况,一般需要考虑如下几种测试用例,假设 n 是允许通过循环的最大次数。

(1) 零次循环:从循环入口直接跳到循环出口。

(2) 一次循环:只有一次通过循环,用于查找循环初始值方面的错误。

(3) 二次循环:两次通过循环,用于查找循环初始值方面的错误。

(4) m 次循环:m 次通过循环,其中 $m<n$,用于检查在多次循环时才能暴露的错误。

(5) 比最大循环次数少 1 次:即 $n-1$ 次通过循环。

(6) 最大循环次数:n 次通过循环。

(7) 比最大循环次数多一次:$n+1$ 次通过循环。

2) 嵌套循环

嵌套循环如图 4.9(c)所示。如果要将简单循环的测试方法用于嵌套循环,可能的测试数就会随嵌套层数呈几何级增加。

Biézer 提出了如下减少测试数目的方法。

(1) 从最内层循环开始,将其他循环设置为最小值。

(2) 对最内层循环使用简单循环测试,而使外层循环的迭代参数(即循环计数)最小,并为范围外或排除的值增加其他测试。

(3) 由内向外构造下一个循环的测试,但其他的外层循环为最小值,并使其他的嵌套循环为"典型"值。

（4）反复进行，继续，直到测试完所有的循环。

3）串接循环

串接循环又名并列循环，如图4.9(d)所示。如果串接循环的循环都彼此独立，可以简化为两个单个循环来分别处理。但是，如果两个循环串接起来，而第一个循环的循环计数是第二个循环的初始值，则这两个循环并不是独立的。如果循环不独立，则应采用嵌套循环的方法进行测试。

4.6.3　Z路径覆盖

Z路径覆盖是路径覆盖的一个变体。对于比较简单的小程序，实现路径覆盖是可能做到的，但是如果程序中出现多个判断和多个循环，可能的路径数目将会急剧增长，达到天文数字，以致不可能做到实现路径覆盖。为了解决这一问题，必须对循环机制进行简化，舍弃一些次要因素，减少路径的数量，使得覆盖这些有限的路径成为可能。采用简化循环方法的路径覆盖就是Z路径覆盖。

Z路径覆盖不考虑循环的形式和复杂度，也不考虑实际执行循环体的次数是多少，只考虑通过循环体零次和一次这两种情况，零次循环式指跳过循环体，从循环体的入口直接到循环体的出口。通过一次循环体是指检查循环初始值，根据简化循环的思路，循环要么执行，要么跳过，这和判定分支的效果一样。这样就大大减少了循环的个数，将循环结构简化为选择结构。

4.7　数据流测试

4.7.1　词(语)法分析

词法分析将字符序列转换为单词序列。在这个过程中，词法分析会对单词进行分类，但不关注单词之间的关系(属于语法分析的范畴)。

【例4.6】　词法分析举例。

C语言表达式：sum＝4＋2；

分析可知，将其单词化后可以得到表4.16的内容。

表 4.16　C语言表达式单词化

语　素	单 词 类 型	语　素	单 词 类 型
sum	标识符	＋	加法操作符
＝	赋值操作符	2	数字
4	数字	；	语句结束

语法分析器读取输入字符流，从中识别出语素，最后生成不同类型的单词。语法分析是在词法分析的基础上将单词序列组合成各类语法短语，如"程序""语句""表达式"等。

语法分析和词法分析无法检测出定义/使用缺陷，但是可以通过数据流测试发现。数据流测试作为路径覆盖的一个变种,最初用于代码优化,主要关注数据的接收值(定义)和使用(引用)。

数据流测试具有两种方法,一种称为变量定义/使用测试,另一种称为程序片法。

4.7.2 变量定义/使用分析

变量的定义和使用有如下三种缺陷:

(1) 变量被定义,但是从来没有使用(引用)。

(2) 所使用的变量没有被定义。

(3) 变量在使用之前被定义两次。

下面介绍"定义/使用"的一些相关概念。

(1) 定义结点:DEF(v,n)。

变量 v 在结点 n 处定义。

用于输入语句、赋值语句(赋值号左侧)、循环控制语句和过程调用语句。

当执行这些语句时,变量的值往往会被改变,或赋值。

(2) 使用结点:USE(v,n)。

变量 v 在结点 n 处被使用。

用于输出语句、赋值语句(赋值号右侧)、条件语句、循环语句、过程调用语句。

当执行这类语句时,值不会被改变。

(3) 谓词使用:P-use。

当且仅当 USE(v,n)是谓词使用,用于 if-else、case 等语句,谓词使用对应谓词使用节点的出度≥2。(出度是以某顶点为弧尾,起始于该顶点的弧的数目)

(4) 计算使用:C-use。

当且仅当 USE(v,n)是计算使用,计算使用对应计算谓词使用结点的出度≤1。

(5) 使用路径:du-path。

DEF(v,m) 和 USE(v,n)中的 m 和 n 是该路径的开始结点和结束结点,定义结点可出现多次。

(6) 清除路径:dc-path。

当定义结点和使用结点中间没有其他的定义结点,定义结点可出现一次。

【例 4.7】 定义/使用测试。

```
1:  a=5; //定义 a
2:  While(C1){
3:      if(C2){
4:          b=a*a;        //使用 a
5:          a=a-1;        //定义且使用 a
6:      }
7:  print(a);}            //使用 a
```

将代码转换为数据流图,如图 4.10 所示。

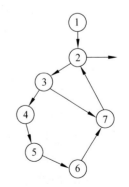

图 4.10 程序的控制流图

4.7.3 程序片

程序片是确定或影响某变量在程序某点上取值的一组程序语句。"片"是指将程序分成具有某种(功能)含义的组件。S(V,n)表示结点 n 之前的所有对 V 作出贡献语句片段的总和。比如有两个程序片,程序片 p1 表示前 8 行的程序片,程序片 p2＝(p1,9,10)表示第 9 行和第 10 行之间的 P2 对于 P1 的改变,如果 p1 中的 v 没有变化,而第 10 行的 v 出现异常,那么必然是 P2 发生了作用。因此,程序片用于很快定位出异常。

数据流测试往往应用于计算密集型程序,这是由于变量的定义/引用基于路径,具有结构化的全局特性,故能反映出程序代码的某些异常来。而由于程序片的局部特性,往往并不能很好地反映整体的程序代码缺陷。

4.8 程 序 插 桩

4.8.1 介绍

在软件动态测试中,程序插桩是一种基本的测试手段,有着广泛的应用。它是借助于往被测程序中插入操作来实现测试目的的方法,即向源程序中添加一些语句,实现对程序语句的执行、变量的变化等情况进行检查。

在程序的特定部位插入记录动态特性的语句,最终是为了把程序执行过程中发生的一些重要的历史事件记录下来。例如,记录在程序执行过程中某些变量值的变化情况、变化的范围等。这些插入的语句常常被称为"探测器"或者"探测点",关于设计"探测点",一般需要考虑如下问题。

- 探测哪些信息。
- 在程序的什么部位设置探测点。
- 需要设置多少个探测点。

程序插桩需要从插桩位置、插桩策略、插桩过程等方面考虑,下面依次介绍。

1) 插桩位置

插桩位置主要解决的是在哪儿插的问题,为此将程序按"块"划分,探针主要插桩在其"路口"的位置,主要考虑以下 4 种位置。

(1) 程序的开始,即程序块的第 1 个可执行语句之前。

(2) 转移指令之前。

① for、do、do-while、do until 等循环语句处。

② if、else if、else 及 end if 等条件语句各分支处。

③ 输入/输出语句之后。

④ 函数、过程、子程序调用语句之后。

(3) 标号之前。

(4) 程序的出口。

① return 语句之后。

② call 语句之后。

2）插桩策略

插桩策略主要解决的是如何在程序中植入探针的问题,包括植入的位置和方法。主要考虑块探针和分支探针。

（1）块探针设计策略：又称"顺序块",它是若干个相连顺序语句的序列集合。在程序的执行过程中,它具有线性特征。若该线性块的第一条语句被执行,则整个线性块的语句都执行了。这样仅在线性块的开始或末尾处插入一个探针即可,避免了对每条语句都进行的冗余插装操作。

（2）分支探针策略：所有进行 true 或 false 判断的语句。它是统计分支覆盖率的探针测试点。

3）插桩过程

在被测试的源程序中植入探针函数的桩,即函数的声明。而插桩函数的原型在插桩函数库中定义。在目标文件连接成可执行文件时,则必须连入插桩函数库。探针函数是否被触发,就要依据插桩选择记录文件了,要求不同的覆盖率测试会激活不同的插桩函数。

【例 4.8】 程序插桩举例。

计算整数 X 和整数 Y 的最大公约数,图 4.11 给出了插桩后最大公约数程序的程序流程图,其中虚线框为记录语句执行次数而插入的,其形式如下。

$$C(i)=c(i)+1 \quad i=1,2,3,\cdots,6$$

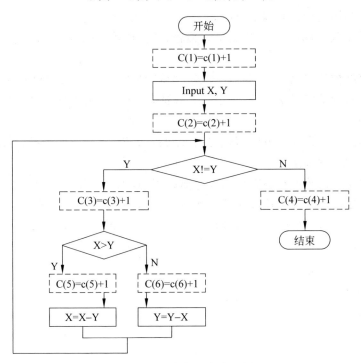

图 4.11 程序的程序流程图

程序从入口开始执行到出口结束,经过的计数语句记录下该程序点的执行次数。如果在程序的入口处插入了对计数器 $C(i)$ 初始化的语句,在出口处插入了打印这些计数器的语句,就构成了完整的插桩程序,便能记录并输出在各个程序点上的语句实际的执行次数。

4.8.2　作用

在软件测试中使用程序插桩,主要用于如下 3 方面。

1) 覆盖分析

程序插桩可以用来确定和估计有关程序结构元素被覆盖的程度,从而确定测试执行的充分性,设计更好的测试用例,提高测试覆盖率。

2) 监控和断言

在程序特定部位插入某些用以判断变量特性的断言语句,以便证实程序运行时的某些特性,从而帮助排除故障。

3) 查找数据流异常

数据流插桩可以记录每个变量的最大值和最小值,从而发现超出预计范围的情况,还可以发现引用未经初始化的变量,以及已定义过但未曾使用的变量等数据流异常。

4.9　测试方法综述

白盒测试的用例设计有以下方法。

采用逻辑覆盖(包括程序代码的语句覆盖、条件覆盖、分支覆盖)的结构测试用例的设计方法。

基于程序结构的域测试用例设计方法。"域"是指程序的输入空间,域测试正是在分析输入空间的基础上完成域的分类、定义和验证,从而对各种不同的域选择适当的测试点(用例)进行测试。

数据流测试用例设计的方法,是通过程序的控制流,从建立的数据目标状态的序列中发现异常的结构测试方法。

根据对象状态或等待状态变化来设计测试用例,也是比较常见的方法。

基于程序错误的变异来设计测试用例,可以有效地发现程序中某些特定的错误。

基于代数运算符号的测试用例设计方法,受分支问题、二义性问题和大程序问题的困扰,使用较少。

软件测试流程

本章详细介绍了软件测试的整个过程,包括测试计划、测试设计、测试执行、回归测试以及测试评估。测试执行分为单元测试、集成测试、系统测试和验收测试等。

5.1 测试流程概述

软件测试流程与软件开发流程类似,也包括测试计划、测试设计、测试开发、测试执行和测试评估几个部分,如图 5.1 所示。

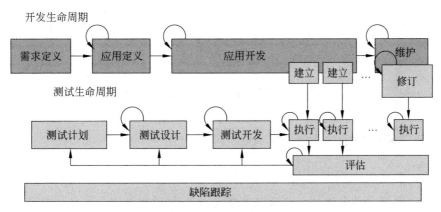

图 5.1 测试生命周期

软件测试生命周期如下所示。

1. 测试计划

根据用户需求报告中关于功能要求和性能指标的规格说明书,定义相应的测试需求报告,使得随后所有测试工作都围绕着测试需求来进行。同时适当选择测试内容,合理安排测试人员、测试时间及测试资源等。

2. 测试设计

测试设计是指将测试计划阶段制定的测试需求分解、细化为若干个可执行的测试过程,并为每个测试过程选择适当的测试用例,保证测试结果的有效性。

3. 测试执行

执行测试开发阶段建立的自动测试过程,并对所发现的缺陷进行跟踪管理。测试执行一般由单元测试、集成测试、系统测试、验收测试以及回归测试等步骤组成。

4. 测试评估

根据缺陷跟踪报告,对软件的质量和开发团队的工作进度及效率进行评价。

5.2 测试需求

测试需求根据市场/产品需求定义、分析文档和相关技术文档,输出《可测试性需求说明书》和《测试规格》等报告。

5.2.1 检查需求文档

需求文档检查步骤如图5.2所示,具有如下步骤。

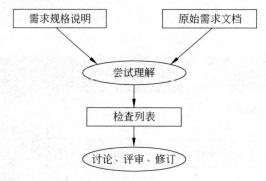

图 5.2 需求文档的检查流程

步骤1:获取最新版本的软件需求规格说明书,同时尽量取得用户原始需求文档。

步骤2:阅读和尝试理解需求规格说明书中描述的所有需求项。

步骤3:对照需求规格说明书检查列表进行检查并记录。

步骤4:针对检查结果进行讨论,修订需求规格说明书,回到第一步,直到检查列表中的所有项通过。

需求文档的检查需要填写表5.1,用于检查结果的确认。从需求的完整性、明确性、必要性、可测性、一致性、可修改性和优先级出发,对表5.1中的每一个检查项解释如下。

第一项需要检查需求规格说明书是否满足了用户提出的每一项需求,实现需求的完整性。

第二项需要检查需求文档的用词、用语问题,实现需求的明确性。

第三项检查的是需求规格说明书对需求覆盖是否准确,实现需求的必要性。

第四项检查的是软件使用环境的描述是否清晰,实现需求的完整性。

第五项检查的是需求规格说明书中的需求编号是否正确,实现需求的可修改性。

第六项主要检查需求是否是自相矛盾的,实现需求的一致性。

第七项主要检查软件系统允许的输入与预期的输出,实现需求的可测性。

第八项检查的是软件系统的性能需求有没有得到清晰的描述,实现需求的完整性。

第九项检查的是需求的关注重点和实现的先后顺序是否清晰地被描述出来,实现需求的优先级。

第十项检查是对软件系统的约束条件是否完整进行描述,实现需求的可测性。

表 5.1 测试需求检查项

序号	检 查 项	检 查 结 果
1	是否覆盖了用户提出的所有需求项	是〔 〕 否〔 〕 NA〔 〕
2	用词是否清晰,语义是否存在有歧义的地方	是〔 〕 否〔 〕 NA〔 〕
3	是否清楚地描述了软件系统需要做什么及不做什么	是〔 〕 否〔 〕 NA〔 〕
4	是否描述了软件使用的目标环境,包括软硬件环境	是〔 〕 否〔 〕 NA〔 〕
5	是否对需求项进行了合理的编号	是〔 〕 否〔 〕 NA〔 〕
6	需求项是否前后一致、彼此不冲突	是〔 〕 否〔 〕 NA〔 〕
7	是否清楚系统的输入、输出格式,以及输入与输出之间的对应关系	是〔 〕 否〔 〕 NA〔 〕
8	是否清晰描述了软件系统的性能要求	是〔 〕 否〔 〕 NA〔 〕
9	需求的优先级是否合理分配	是〔 〕 否〔 〕 NA〔 〕
10	是否描述了各种约束条件	是〔 〕 否〔 〕 NA〔 〕

5.2.2 测试用例编写

测试用例编写的具体流程如下所示。

步骤 1:在分析清楚需求的前提下对测试活动进行计划和设计。

步骤 2:按既定的策划执行测试用例和记录用例。

步骤 3:对测试的结果进行检查分析,形成测试报告。

步骤 4:使用测试结果和分析报告又能指导下一步的测试设计。

步骤 5:形成了一个质量改进的闭环。

【例 5.1】 测试用例举例。

测试用例编号:input_001。

测试优先级:中等。

估计执行时间:2 分钟。

测试目的:验证业务单据数据的查询正确性。

标题:业务单据查询。

步骤如下:

步骤 1:打开查询界面。

步骤 2:输入查询条件。

步骤 3：确定并提交查询。

步骤 4：查看并验证返回信息。

【分析】 编写的测试用例回答如下问题。

(1) 可输入的查询条件包括哪些。

(2) 提交查询之前是否会验证输入数据的正确性。

(3) 输入数据的单位、范围有无限制。

(4) 所有条件都不输入是否意味着查询出所有业务单据。

5.3　测试计划

测试计划以测试需求为基础，分析产品的总体测试策略，输出《产品总体测试策略》等报告。

5.3.1　测试计划要点

测试计划规定测试任务、安排人员、预见风险，指导测试，实现测试的目标，一般测试计划要点如下所示。

1. 测试范围

确定各阶段的测试范围、技术约束等，以及测试成功的标准和要达到的目标。

2. 测试策略

开发有效的测试模型，决定黑盒测试和白盒测试、人工测试和自动化测试的比重等。

3. 测试资源

确定测试所需要的时间和资源，对人员、硬件和软件等资源进行组织和分配。

4. 进度安排

分解项目工作结构，并采用时限图、甘特图等方法制定时间/资源表。

5. 风险及对策

测试可能存在的风险分析，对风险进行回避、监控、管理，采用变更管理和控制等。

5.3.2　测试计划步骤

测试计划一般具有如下步骤。

步骤 1：明确测试对象。

首先要明确测试的对象，有些对象是不需要测试的。有时候，测试的范围是比较难判断的。例如，对于一些整合性系统，它把若干个已有的系统整合进来，形成一个新的系统，那么就需要考虑测试的范围是包括所有子系统，还是仅仅测试接口部分，需要结合整合的方式、系统之间通信的方式。

步骤 2：制定测试策略。

测试的策略包括宏观的测试策略和微观的测试策略战术。其中，测试战略和测试技术的关系如图 5.3 所示。

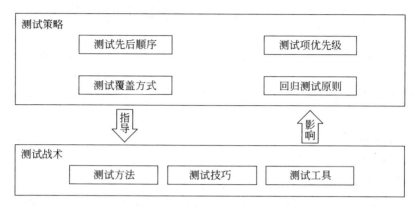

图 5.3　需求文档的检查流程

为了设计出好的测试策略，需要了解软件的结构、功能分布、各模块对用户的重要程度等，从而决定测试的重点、优先次序、测试的覆盖方式等。设计测试用例时，应尽可能用最少的测试用例发现最多的缺陷，尽可能用精简的测试用例覆盖最广泛的状态空间，还要考虑哪些测试用例使用自动化的方式实现，哪些使用人工方式验证等。

步骤 3：决定测试战术。

根据软件采用的技术、架构、协议等，考虑采用的测试方法和手段，是否需要进行白盒测试或黑盒测试，采用什么测试工具进行自动化测试等。制定好测试策略后，需要安排测试资源，通过充分估计测试的难度、测试的时间、工作量等因素，决定测试资源的合理利用方式。

步骤 4：安排测试进度。

测试的进度安排需要结合项目的开发计划、产品的整体计划进行考虑，还要考虑测试本身的各项活动进行安排。把测试用例的设计、测试环境的搭建、测试报告的编写等活动列入进度安排表，如图 5.4 所示。

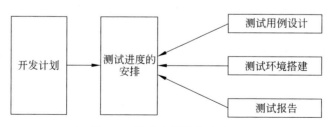

图 5.4　需求文档的检查流程

步骤 5：估计计划风险。

一般可能碰到的风险是项目计划变更、测试资源不能及时到位等问题。制定测试计划时应根据项目的实际情况进行评估,并制定出合理、有效的应对策略。对于项目计划的变更,可以考虑建立更加流畅的沟通渠道,让测试人员能及时了解到变更的情况,以及变更的影响,从而可以作出相应的改变。

5.4 测 试 设 计

测试设计建立在测试计划书的基础上,根据测试大纲、测试内容及测试的通过准则,将测试需求转换成测试用例的过程,用于描述测试环境、测试执行的范围、层次和用户的使用场景以及测试输入和预期的测试输出等信息,输出《产品或者版本总体测试方案》等报告。

基于需求的测试用例设计一般有如下方法。

方法一:临时的同行评审。

同行评审尤其是临时的同行评审,应该演变成类似结对编程一样的方式,体现敏捷的"个体和交互比过程和工具更有价值"这一原则,强调测试用例设计者之间的交流,通过讨论、协作来完成测试用例的设计。

方法二:用户参与评审。

用户参与评审体现了敏捷的"顾客的协作比合同谈判更有价值"这一原则,这里顾客的含义和如何定义测试有关。如果测试是对产品的批判,则顾客是指最终用户或顾客代表;如果测试是被定义为对开发提供帮助和支持,那么顾客显然就是程序员。

5.4.1 测试设计内容

软件测试设计主要内容如下所示。

(1) 制定测试的技术方案,确认各个测试阶段采用的测试技术、测试环境和平台,以及选择什么样的测试工具。其中,系统测试中的安全性、可靠性、稳定性、有效性等是测试技术方案的内容重点。

(2) 设计测试用例,根据产品需求分析、系统设计等规格说明书,在测试技术方案的基础上设计具体的测试用例。

(3) 根据测试的目的和任务,以及测试用例的特性和属性(优先级、层次、模块等)设计测试用例,从而构成执行某个特定测试任务的测试用例集合(组),如基本测试用例组、专用测试用例组、性能测试用例组、其他测试用例组等。

(4) 根据所选择的测试工具,将自动化测试的测试用例转换为测试脚本。

(5) 根据所选择的测试平台以及测试用例所要求的特定环境,进行服务器、网络等测试环境的设计。

软件测试设计中,需要考虑如下要点。

(1) 所设计的测试技术方案是否可行、是否有效、是否能达到预期的测试目标。

(2) 所设计的测试用例是否完整、边界条件是否考虑、其覆盖率能达到的百分比。

(3) 所设计的测试环境是否和用户的实际使用环境比较接近。

5.4.2　测试用例属性

设计测试用例主要根据测试用例的以下属性,并结合测试用例的编号、标题、描述(条件、步骤、期望结果)等进行测试用例管理。

1) 优先级

测试用例的优先级越高,被执行的时间越早、执行的频率越多。由最高优先级的测试用例组来构成基本验证测试,每次构建软件包时,都要被执行一遍。

2) 目标性

根据不同的目标设计测试用例。有的测试用例是为主要功能而设计,有的则为系统的负载而设计。

3) 所属范围

根据测试用例所属不同的组件或模块进行管理。

4) 关联性

测试用例一般和软件产品特性相联系,多数情况下验证某个产品的功能。

5) 阶段性

根据不同的测试阶段,如单元测试、集成测试、系统测试、验收测试等设计测试用例,便于得出该阶段的测试覆盖率。

6) 状态性

测试用例有不同的状态,只有被激活的测试用例才被运行。

7) 时效性

针对同样功能,可能所用的测试用例不同,是因为不同的产品版本在产品功能、特性等方面的要求不同。

8) 所有者

测试用例还包括由谁、在什么时间创建,又由谁、在什么时间修改等。

5.5　测 试 执 行

当测试用例的设计和测试脚本的开发完成之后,就开始执行测试。测试执行是对每个测试阶段(单元测试、集成测试、系统测试和验收测试等)测试用例的编写和自动化脚本的编写,保证每个阶段的测试任务得到执行,输出《产品自动化测试用例》和《手工执行测试用例》等报告。

1) 单元测试

单元测试的目的在于发现各模块内部可能存在的各种差错,一般由程序员执行,但须提交单元测试用例和测试报告,由测试人员进行审查。

2) 集成测试

集成测试的主要目标是发现与接口有关的问题,对于关键模块应尽早测试,并将自顶向下、自底向上两种测试策略结合起来,严格执行各个模块。

3）系统测试

系统测试以用户环境模拟系统的运行,用于验证系统是否达到在概要设计中所定义的功能和性能。

4）验收测试

验收测试是指当技术部门完成了所有测试工作后,由用户参与的软件测试,通常采用 α 测试和 β 测试,用于确保产品能真正符合用户需求。

5.5.1　单元测试

单元测试是根据源程序、编程规范、产品规格设计说明书和详细的程序设计文档,以测试软件设计中的最小单位,例如,面向过程语言的函数或子过程。面向对象语言的类或成员函数用于发现语法、格式和逻辑等缺陷,从而判断特定条件或场景下函数的行为,输出缺陷跟踪报告。

单元测试一般有如下优点。

（1）单元测试是验证行为。

程序中的每一项功能通过测试来验证其正确性,为其后代码的重构提供了保障。

（2）单元测试是设计行为。

软件的设计考虑如何实现软件的某项功能、用户界面等,单元测试关注于软件的具体功能实现是否符合需求设计,而不仅仅定位于代码的实现运作机制上。

（3）单元测试是编写文档的行为。

单元测试是表示函数或类如何使用的最佳文档。通过单元测试这份文档的编译、运行,从而保持与代码同步。

（4）单元测试具有回归性。

自动化的单元测试避免了代码出现回归,编写完成之后,便于随时运行测试。

单元测试针对程序模块进行测试,主要有以下 5 个任务——模块接口、局部数据结构、边界条件、独立的路径和错误处理,如图 5.5 所示。

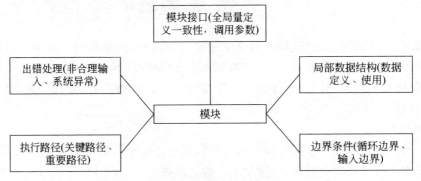

图 5.5　单元测试解决的任务

1）模块接口测试

通过对被测模块的数据流进行测试,检查进出模块的数据是否正确。因此,必须对模块接口,包括参数表、调用子模块的参数、全程数据、文件输入/输出操作进行测试。具体涉及以下内容。

(1) 模块接受输入的实际参数个数与模块的形式参数个数是否一致。

(2) 输入的实际参数与模块的形式参数的类型是否匹配。

(3) 输入的实际参数与模块的形式参数所使用单位是否一致。

(4) 调用其他模块时,所传送的实际参数个数与被调用模块的形式参数的个数是否相同。

(5) 调用其他模块时,所传送的实际参数与被调用模块的形式参数的类型是否匹配。

(6) 调用其他模块时,所传送的实际参数与被调用模块的形式参数的单位是否一致。

(7) 调用内部函数时,参数的个数、属性和次序是否正确。

(8) 在模块有多个入口的情况下,是否有引用与当前入口无关的参数。

(9) 是否修改了只读型参数。

(10) 全局变量是否在所有引用它们的模块中都有相同的定义。

如果模块内包括外部 I/O,还应该考虑下列因素。

(1) 文件属性是否正确。

(2) OPEN 与 CLOSE 语句是否正确。

(3) 缓冲区容量与记录长度是否匹配。

(4) 在进行读写操作之前是否打开了文件。

(5) 在结束文件处理时是否关闭了文件。

(6) 正文书写/输入错误。

(7) I/O 错误是否检查并做了处理。

2) 模块局部数据结构测试

测试用例检查局部数据结构的完整性,如数据类型说明、初始化、缺省值等方面的问题,并测试全局数据对模块的影响。

(1) 在模块工作过程中,必须测试模块内部的数据能否保持完整性,包括内部数据的内容、形式及相互关系不发生错误。

(2) 局部数据结构应注意以下几类错误:不正确的或不一致的类型说明;错误的初始化或默认值;错误的变量名,如拼写错误或书写错误;下溢、上溢或者地址错误。

3) 模块中所有执行路径测试

测试用例对模块中重要的执行路径进行测试,其中,对基本执行路径和循环进行测试往往可以发现大量路径错误。测试用例必须能够发现由于计算错误、不正确的判定或不正常的控制流而产生的错误。

(1) 常见的错误如下所示。

误解的或不正确的算术优先级、混合模式的运算、错误的初始化、精确度不够精确、表达式的不正确符号表示。

(2) 针对判定和条件覆盖,测试用例能够发现如下错误。

不同数据类型的比较;不正确的逻辑操作或优先级;应当相等的地方,由于精确度的错误而不能相等;不正确的判定或不正确的变量;不正确的或不存在的循环终止;当遇到分支循环时不能退出;不适当地修改循环变量。

4) 各种错误处理测试

检查模块的错误处理功能是否包含有错误或缺陷。例如,是否拒绝不合理的输入;出错的描述是否难以理解、是否对错误定位有误、是否出错原因报告有误、是否对错误条件的处理不正确;在对错误处理之前,错误条件是否已经引起系统的干预等。

(1) 测试出错处理的重点是模块在工作中发生了错误,其中的出错处理设施是否有效。

(2) 检验程序中的出错处理可能面对的情况如下。

① 对运行发生的错误描述难以理解。

② 所报告的错误与实际遇到的错误不一致。

③ 出错后,在错误处理之前就引起系统的干预。

④ 例外条件的处理不正确。

⑤ 提供的错误信息不足,以至于无法找到错误的原因。

5) 模块边界条件测试

(1) 边界测试是单元测试的最后一步,必须采用边界值分析方法来设计测试用例,为限制数据处理而设置的边界处,测试模块是否能够正常工作。

(2) 一些与边界有关的数据类型,如数值、字符、位置、数量、尺寸等特征。

(3) 在边界条件测试中,应设计测试用例检查以下情况。

① 在 n 次循环的第 0 次、1 次……n 次是否有错误。

② 运算或判断中取最大值、最小值时是否有错误。

③ 数据流、控制流中刚好等于、大于、小于确定的比较值是否出现错误。

在源程序代码编制完成,经过评审和验证,确认没有语法错误之后,开始设计单元测试的测试用例。由于模块并不是一个独立的程序,考虑测试模块时,同时要考虑它和外界的联系,因此使用一些辅助模块去模拟与被测模块相关的其他模块。辅助模块分为驱动模块和桩模块两种。

① 驱动模块。

驱动模块用来模拟被测试模块的上一级模块,相当于被测模块的主程序,用于接收测试数据,并把这些数据传送给被测模块,启动被测模块,最后输出实测结果。

② 桩模块。

桩模块用来模拟被测模块工作过程中所调用的模块。桩模块一般只进行很少的数据处理,不需要把子模块所有功能都带进来,但不允许什么事情也不做。

被测模块、驱动模块及桩模块共同构成了一个测试环境,如图5.6所示。

5.5.2 集成测试

时常发生这样的情况,每个模块都能单独工作,但将这些模块组装之后却不能正常工作。导致这种情况的可能原因如下所示。

(1) 模块相互调用时引入了新的问题,例如数据可能丢失、模块之间的相互影响等。

(2) 子模块分别实现了子功能,但组合后无法实现主功能。

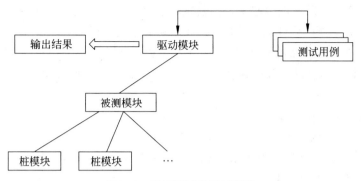

图 5.6 单元测试的测试环境

（3）子模块所产生的误差，如由于模块的组合、不断的积累导致错误的产生。

（4）全局数据结构与局部数据结构的重复出现等错误。

单元测试之后需要进行集成测试。集成测试又名组装测试，是根据模块之间的依赖接口的关系图进行的测试。图 5.7 给出了软件分层结构的示例图。

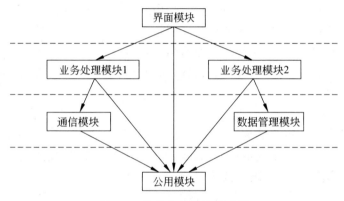

图 5.7 软件分层结构示意图

集成测试通过单元测试的模块或组件、编程规范、集成测试规格说明和程序设计文档进行接口测试、路径测试等，用于发现与接口有关的各种错误。集成测试主要适于如下几种软件系统。

（1）对软件质量要求较高的软件系统，如航天软件、电信软件、系统底层软件等，都必须做集成测试。

（2）使用范围比较广，用户群数量较大的软件必须做集成测试。

（3）使用类似 C/C++ 带有指针的程序语言开发的软件，一般必须做集成测试。

（4）类库、中间件等产品必须做集成测试。

集成测试的主要任务是解决以下 5 个问题。

（1）将各模块连接起来，检查模块相互调用时，数据经过接口是否丢失。

（2）将各个子功能组合起来，检查能否达到预期要求的各项功能。

（3）一个模块的功能是否会对另一个模块的功能产生不利的影响。

（4）全局数据结构是否有问题，会不会被异常修改。

(5) 单个模块的误差积累起来,是否被放大,从而达到不可接受的程度。

集成测试主要测试软件的结构问题,因此测试建立在模块接口上,多为黑盒测试,适当辅以白盒测试。在集成测试过程中,尤其要注意关键模块测试,关键模块一般具有如下一个或多个特征:同时对应几条需求功能;具有高层控制功能;复杂且易出错;有特殊的性能要求。

执行集成测试应遵循如下步骤。

步骤 1:确认组成一个完整系统的模块之间的关系。

步骤 2:评审模块之间的交互和通信需求,确认出模块间的接口。

步骤 3:生成一套测试用例。

步骤 4:采用增量式测试,依次将模块加入到系统并测试,这个过程以一个逻辑/功能顺序重复进行。

集成测试的主要目的是验证组成软件系统各模块的接口和交互作用,分为非增量式集成和增量式集成等。

1) 非增量式测试方法

非增量式测试方法又名大棒集成方法,采用一步到位的方法来测试,将所有模块按程序结构图连接起来,当作整体进行测试。非增量式测试是集中一次进行测试,虽然可能发现很多错误,但为每个错误定位和纠正非常困难,并且在改正一个错误的同时又可能引入新的错误,从而更难断定出错的原因和位置。因此,非增量式集成测试只能适合在规模较小的应用系统中使用。

2) 增量式测试方法

增量式测试方法是指测试从一个模块开始,测试成功后,再添加一个模块进行测试,如此进行。增量式测试采用逐步集成和逐步测试的方法,其测试范围是逐步增大,从而易于错误的定位和纠正。因此,增量式集成测试比非增量式集成测试有比较明显的优越性。

增量式测试方法具有自顶向下、自底向上以及三明治集成测试方法。

1) 自顶向下增量式

自顶向下增量式测试按结构图自上而下进行逐步集成和逐步测试。模块集成的顺序是首先集成主控模块(主程序),然后按照软件控制层次结构向下集成。自顶向下的集成方式可以采用深度优先策略和广度优先策略,如图 5.8 所示。

在图 5.8 中,深度优先顺序为 T1→T2→T5→T8→T6→T3→T7→T4;而广度优先顺序为 T1→T2→T3→T4→T5→T6→T7→T8。

该方法由下列步骤实现。

步骤 1:以主模块为所测试模块兼驱动模块,而所有直属于主模块的下属模块全部用桩模块替换,并对主模块进行测试。

步骤 2:采用深度优先或广度优先测试方式,用实际模块替换相应桩模块,再用桩代替它们的直接下属模块,从而与已经测试的模块或子系统组装成新的子系统。

步骤 3:进行回归测试,排除组装过程中的错误可能性。

步骤 4:判断是否所有的模块都已经组装到了系统中。如果是,结束测试,否则转到步骤 2 执行。

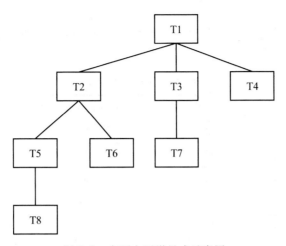

图 5.8　自顶向下增量式示意图

2）自底向上增量式

自底向上增量式测试是从"原子"模块（软件结构中最低层的模块）开始，按结构图自下而上逐步进行集成和测试，不需要桩模块。图 5.9 表示了采用自底向上增量式测试的过程，从小族逐步的组装成大族进行测试。

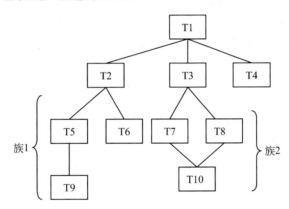

图 5.9　自底向上增量式示意图

该方法具体实现由下列几个步骤完成。

步骤 1：把低层模块组合成实现某个特定的软件子功能的族。

步骤 2：写一个驱动程序（用于测试的控制程序），协调测试数据的输入和输出。

步骤 3：对由模块组成的子功能族进行测试。

步骤 4：去掉驱动程序，沿软件结构由下向上移动，把子功能族组合成更大的功能族。

步骤 5：从步骤 2～4 不断重复上述过程，直到完成。

3）三明治集成

三明治集成也称混合集成，将自顶向下和自底向上的缺点和优点集于一身。三明治集成是把系统分为三层，中间一层为目标层。测试时，对目标层上面的一层采用自顶向下的集成测试方式，而对目标层下面的一层使用自底向上的集成策略，最后对目标层进行测试。

总之,自顶向下测试、自底向上测试和三明治集成测试3种方法的优缺点如表5.2所示。

表5.2　增量式测试方法的比较

名　　称	自顶向下增量式	自底向上增量式	三明治集成
集成	早	早	早
基本程序工作时间	早	晚	早
需要驱动程序	否	是	是
需要桩程序	是	否	是
工作并行性	低	中	中
特殊路径测试	难	容易	中等
计划与控制	难	容易	难

(1)自顶向下测试是逐步求精,让测试者了解系统的框架,但需要提供驱动模块。由于驱动模块可能不能反映真实情祝,因此测试可能具有不充分性。

(2)自底向上测试采用驱动模块模拟了所有调用,但是需要等到只有最后一个模块加入才能知道整个系统的框架。

(3)三明治集成测试采用自顶向下、自底向上的结合方式,并采取持续集成策略,有助于尽早发现缺陷,提高工作效率。

5.5.3　系统测试

系统测试是指整个软件系统与计算机硬件、外设、支持软件、数据和人员等元素结合起来,在实际运行(使用)环境下对计算机系统进行的测试。系统测试主要进行健壮性测试、性能测试、用户界面测试、安全性测试、压力测试、可靠性测试、安装/反安装测试等,输出缺陷报告、跟踪报告;完善的测试用例、阶段性测试报告等,用于确定的标准检验软件是否满足功能、行为、性能和系统协调性等方面的要求。

系统测试停止的条件如下所示。

(1)系统测试用例设计已经通过评审。

(2)按照系统测试计划完成了系统测试。

(3)达到了测试计划中关于系统测试所规定的覆盖率的要求。

(4)被测试的系统每千行代码必须发现1个错误。

(5)系统满足需求规格说明书的要求。

(6)在系统测试中发现的错误已经得到修改,各级缺陷修复率达到标准。

5.5.4　验收测试

验收测试是以用户为主的测试,软件开发人员和质量保证人员也应参加。由用户参加设计测试用例,通过用户界面输入测试数据,分析测试的输出结果。一般使用生产中的实际数据进行测试。在测试过程中,除了考虑软件的功能和性能外,还应对软件的可移植性、兼容性、可维护性、错误的恢复功能等进行确认。

　　软件交付使用之后,用户在使用过程中常常会发生各种问题。如操作使用方法的误解、异常的数据组合等。α测试和β测试用于发现可能只有最终用户才能发现的错误。α测试是在开发环境或公司内部用户在模拟实际操作的环境下,由用户参与的测试,主要用于评价软件产品的功能、可靠性、性能等,特别是对于软件界面和易用性进行测试。只有当α测试达到一定的可靠程度时,才能开始β测试。与α测试不同,开发者通常不在测试现场。在β测试中,由用户记下遇到的所有缺陷,向开发者报告。β测试着重于产品的支持性测试,包括文档、客户培训等。

　　α和β测试过程如图 5.10 所示。

图 5.10　α和β测试过程

　　当软件通过最后阶段的测试——验收测试或质量全面评估测试,从研发阶段来看,工程发布(Engineering Release,ER)将作为一个里程碑,随后将软件推向市场。进行α测试后,到达有限可用(Limited Available,LA)里程碑(LA 是指由于测试覆盖率不能达到100％,软件功能并不能全部使用)。LA 之后所发现的缺陷,再通过β测试,到达全面可用(General Available,GA)里程碑,此时所有功能可以全部使用。

5.6　回归测试

　　微软测试表明,一般修复 3～4 个错误会产生一个新的错误,新代码的加入,除了本身含有错误外,还有可能对原有的代码带来影响。因此,软件一旦发生变化,必须重新设计测试用例,检测软件功能,确定修改达到预期目的。回归测试是一种验证已变更系统的完整性与正确性的测试技术,用于确保修改没有带来副作用。回归测试输出《产品或版本测试报告》等报告。

　　回归测试与一般测试有如下不同。

1. 测试用例来源

　　一般测试根据系统规格说明书和测试计划进行,测试用例都是新的。而回归测试可能是更改了的规格说明书、修改过的程序和需要更新的测试计划。

2. 测试范围

　　一般测试目标是检测整个程序的正确性,而回归测试目标是检测被修改的相关部分的正确性以及它与系统原有功能的整合。

3. 时间分配

一般测试所需时间通常是在软件开发之前预算，而回归测试所需的时间（尤其是修正性的回归测试）往往不包含在整个产品进度表中。

4. 开发信息

一般测试可以随时获取关于开发的知识和信息。而回归测试可能会在不同的地点和时间进行，需要保留开发信息，以保证回归测试的正确性。

5. 完成时间

由于回归测试只需测试程序的一部分，完成所需时间通常比一般测试少。

6. 执行频率

回归测试往往要多次进行，一旦系统经过修改就需要进行回归测试。

5.6.1 测试流程

回归测试的流程一般具有如下步骤。

步骤 1：在测试策略制定阶段制定回归测试策略。

步骤 2：确定回归测试版本。

步骤 3：发布回归测试版本，按照回归测试策略执行回归测试。

步骤 4：回归测试通过，关闭缺陷跟踪单。

步骤 5：回归测试不通过，缺陷单返回到开发人员处，等待重新修改，再次作回归测试。

每当一个新的模块被当作集成测试的一部分加进来时，软件就发生了改变。新的数据流路径建立起来，新的 I/O 操作可能也会出现，还有可能激活了新的控制逻辑。这些改变可能会使原本工作得很正常的功能产生错误。在集成测试策略的环境中，回归测试是对某些已经进行过的测试的某些子集再重新测试一遍，以保证改变不会传播无法预料的副作用。

5.6.2 测试用例设计方法

回归测试用例的设计方法很多。在实际应用中，根据软件项目的资源、进度及项目开发的模式等选择最优策略。

1）选择全部测试用例

选择完全重复测试，是指将所有的测试用例全部再完全地执行一遍，以确认问题修改的正确性和修改后周边是否受到影响。缺点是由于要把用例全部执行一遍，因此会增加项目成本，也会影响项目进度，所以很难完全执行。

2）基于风险选择测试用例

根据缺陷的严重性来进行测试，基于一定的风险标准，从测试用例库中选择回归测试包。选择最重要、关键以及可疑的测试,跳过那些次要的、例外的测试用例或功能相对非常稳定的模块。

3）基于操作剖面选择测试用例

如果测试用例是基于软件操作剖面开发的,测试用例的分布情况将反映系统的实际使用情况。回归测试所使用的测试用例个数由测试预算确定,可以优先选择针对最重要或最频繁使用功能的测试用例,尽早发现对可靠性有最大影响的故障。

4）覆盖修改法

针对发生错误的模块设计测试用例,只能验证本模块是否还存在缺陷,但不能保证周边与它有联系的模块不会因为这次改动而引发缺陷在修改范围内的测试,其效率最高,风险也最大,因为它无法保证这个修改是否影响了别的功能,该方法一般用于软件结构设计的耦合度较小的状态下使用。

5）周边影响法

除了执行出错模块的用例之外,把周边和它有联系的模块的用例也执行一遍,保证回归测试的质量。

6）指标达成法

根据一定的覆盖率指标选择回归测试。例如,规定修改范围内的测试是 90％,其他范围内的测试阈值为 60％,该方法一般是在相关功能影响范围难以界定时使用。

7）再测试修改部分

通过相依性识别软件的修改情况,将回归测试局限于被改变的模块,只选择相应的测试用例来做回归测试,此策略风险最大,但成本也是最低。

5.7　测 试 评 估

测试最终应提供完整的《遗留问题风险分析报告》《度量分析报告》和《测试关闭报告》等报告,帮助开发小组实现软件项目的质量保证。

5.7.1　测试评估活动

软件评估测试通常包括以下活动。

1）审查测试全过程

在测试跟踪的基础上对测试项目进行全过程、全方位的审视,检查测试计划、测试用例是否得到执行,检查测试是否有漏洞。

2）对当前状态的审查

测试的审核包括软件缺陷和过程中没解决的各类问题。对产品目前存在的缺陷进行逐个分析,了解其对产品质量影响的程度,决定所有测试内容是否完成,测试的覆盖率是否达到要求以及产品质量是否达到标准,从而确定是否停止测试。

5.7.2　缺陷分析方法

软件缺陷分析方法有如下 3 种。

1)第1种:缺陷分布分析

缺陷分布分析是横向分析方法,针对一个或多个缺陷属性进行分布分析,生成缺陷数量与缺陷属性的函数。缺陷分布分析涉及的因素如图5.11所示。

图 5.11　缺陷分布分析

2)第2种:缺陷趋势分析

缺陷趋势分析用于描述一段时间内缺陷的动态变化情况。其中,收敛趋势图是其中常用的一种,如图5.12所示。它是指在一定周期内遗留缺陷的变化情况,用于反映项目的质量变化情况,作为产品发布的一个重要参考。

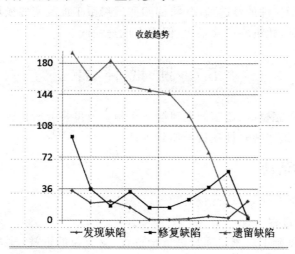

图 5.12　缺陷趋势分析

图中的参数解释如下。

(1)发现缺陷:测试人员在某一测试周期内新发现的缺陷总数。

(2)修复缺陷:测试人员在某一测试周期内修复的缺陷总数。

(3)遗留缺陷:在某一测试试用周期结束时刻未关闭的缺陷总数。

3)第3种:注入矩阵分析

软件缺陷有"注入阶段"和"发现阶段"两个阶段,"缺陷注入—发现矩阵"如表5.3

所示。

表 5.3　缺陷注入—发现矩阵

	需　　求	设　　计	编　　码	注 入 设 计
需求阶段	8	-	-	8
设计阶段	26	62		88
编码单元测试阶段	4	11	12	27
系统测试阶段	4	3	112	119
验收测试阶段	0	0	28	28
发现总计	42	76	152	270
本阶段缺陷移除率	19%	82%	8%	

表中的参数解释如下。

缺陷移除率＝（本阶段发现的缺陷数/本阶段注入的缺陷数）＊100%

缺陷泄露率＝（下游发现的本阶段缺陷数/本阶段注入的缺陷总数）＊100%

通过注入矩阵分析，可以看出软件开发各个环节的质量，找到最需要改进的环节，从而有针对性地制定改进措施。实际规划"缺陷注入—发现矩阵"时，可对缺陷的发现活动和注入阶段进行细分或粗分。

性能测试

性能测试是通过测试工具模拟多种正常、峰值以及异常负载条件，对系统的各项性能指标进行测试。本章介绍了性能测试的基本概念，性能测试分类，如负载测试、压力测试、可靠性测试、安全性测试、兼容性测试、可靠性测试等，并就 Web 测试给出了详细说明。

6.1　基 本 概 念

软件性能是指在一定条件下系统行为表现是否符合需求规格的指标，如传输的最长时限、传输的错误率、计算的精度、响应的时限和恢复时限等。性能测试的目的是发现软件系统中存在的性能瓶颈，优化软件运行效率。

性能测试主要包括以下几个方面。

1）评估系统的能力

评估系统的能力是指测试软件系统所得到的负荷数据和响应时间等数据，用于验证软件系统的稳定性和可靠性。

2）识别体系中的弱点

通过将软件系统受控的负荷增加到一个极端的水平，确定体系的瓶颈或薄弱的地方，并进行修复。

3）系统调优

长时间的运行系统将导致系统失败，揭示系统中隐含的问题或冲突，进行调整，优化系统性能。

下面介绍一些常见的性能指标，如响应时间、并发用户数、性能计数器、休眠时间等。

1. 响应时间

响应时间是指应用系统从请求发出开始到客户端接收到数据所消耗的时间，响应时间分解为网络传输时间、应用延迟时间、数据库延迟时间和呈现时间等。一般而言，网站的响应时间有 2s、5s 和 10s 几个标准。2s 之内响应客户被认为是"非常有吸引力的"，5s 之内响应客户认为是"比较不错的"，而 10s 是客户能接受的响应的上限，也就是用户打开网页的花费时间超过了 10s，用户往往无法容忍。

2. 并发用户数

多个用户对系统发出了请求或进行了操作，其请求或者操作可以是相同的，也可以是不同的。下面给出估算并发用户数的公式。

$$C = \frac{nL}{T} \tag{1}$$

$$\hat{C} \approx C + 3\sqrt{C} \tag{2}$$

在公式(1)中，C 是平均的并发用户数；n 是登录会话的数量；L 是登录会话的平均长度；T 指考察的时间段长度。

公式(2)给出了并发用户数峰值的计算方式。其中，$\hat{C}$ 指并发用户数的峰值，C 由公式(1)中得到，该公式是假设用户登录会话符合泊松分布而估算得到的。

【例 6.1】　一个软件系统每天大约有 400 个用户访问。用户在一天之内有 8 小时使用该系统，从登录到退出该系统的平均时间为 4 小时。

【解答】　根据公式(1)和公式(2)，得到

$$C = 400 \times 4/8 = 200$$
$$\hat{C} \approx 200 + 3 \times \sqrt{200} = 242$$

3. 吞吐量

吞吐量是指单位时间内成功在网络上传输数据量的总和，用请求数/秒或页面数/秒来衡量。吞吐量有如下两个作用。

(1) 协助设计性能测试场景，以及衡量性能测试场景是否达到了预期设计目标。在设计性能测试场景时，根据吞吐量数据测试场景中的事务发生频率等。

(2) 协助分析性能瓶颈。吞吐量是性能瓶颈的重要表现形式。因此，有针对性地测试吞吐量，可以尽快定位到性能瓶颈所在位置。

吞吐量和并发用户数之间存在一定的联系。计算公式如下所示。

$$F = \frac{N_{vu} \times R}{T} \tag{3}$$

其中，F 表示吞吐量；N_{vu} 表示虚拟用户个数；R 表示每个虚拟用户发出的请求数量；T 表示性能测试所用的时间。

4. 性能计数器

性能计数器是描述服务器或操作系统性能的一些数据指标，具有"监控和分析"作用。例如，Windows 系统的内存数、进程数、系统缓存等都是常见的性能计数器。

5. 资源利用率

资源利用率与性能计数器关系密切，是指系统中各种资源的使用状况。在通常的情况下，资源利用率需要结合响应时间变化曲线、系统负载曲线等各种指标进行综合分析。

资源利用率计算公式如下所示。

资源利用率＝资源的实际使用/总的资源可用量

6.2　性能测试分类

下面介绍一些常见的性能测试，如负载测试、压力测试、可靠性测试、数据库测试、安全性测试和文档测试等。

6.2.1　负载测试

负载测试（Load Testing）是测试系统在资源超负荷情况下的表现，以发现设计上的错误或验证系统的负载能力，评估测试对象在不同工作量条件下的性能行为，以及持续正常运行的能力。负载测试的目标是确定并确保系统在超出最大预期工作量的情况下仍能正常运行。此外，负载测试还要评估性能特征，例如，响应时间、事务处理速率和其他与时间相关方面的特征。

负载测试通过大量重复的行为、模拟不断增加的用户数量等方式观察不同负载下系统的响应时间和数据吞吐量、系统占用的资源（如 CPU、内存）等，检验系统特性，发现系统可能存在的性能瓶颈、内存泄露等问题。

负载测试的加载方式通常有如下几种。

1）一次加载

一次性加载某个数量的用户，在预定的时间段内持续运行。例如，早晨上班的时间，访问网站或登录网站的时间非常集中，基本属于扁平负载模式。

2）递增加载

有规律地逐渐增加用户，每几秒增加一些新用户，交错上升。这种负载方式的测试容易发现性能的拐点，即性能瓶颈。

3）高低突变加载

某个时间用户数量很大，突然降到很低，过一段时间又突然加到很高，反复几次。借助这种负载方式的测试容易发现资源释放、内存泄露等问题。

4）随机加载方式

由随机算法自动生成某个数量范围内变化的、动态的负载，这种方式可能是和实际情况最为接近的一种负载方式。虽然不容易模拟系统运行出现的瞬时高峰期，但可以模拟系统长时间高位运行过程的状态。

6.2.2　压力测试

压力测试（Stress Test）也称强度测试，是在强负载（大数据量、大量并发用户等）下的测试，通过查看应用系统在峰值使用情况下的状态发现系统的某项功能隐患、系统是否具有良好的容错能力和可恢复能力。压力测试涉及时间因素，用来测试那些负载不定的，或交互式的、实时的以及过程控制等程序。压力测试分为高负载下的长时间（如 24 小时以上）的稳定性压力测试和极限负载情况下导致系统崩溃的破坏性压力测试。

压力测试也被看做是负载测试的一种特殊情况，即高负载下的负载测试，或者说压力测试采用负载测试技术。通过压力测试，往往可以发现影响系统稳定性的问题。例如，在正常负载情况下,某些功能不能正常使用或系统出错的概率比较低,可能一个月只出现一次,但在高负载(压力测试)下,可能一天就出现,从而发现缺陷。

敏感测试是压力测试的一个变种,是指在有些情况下,数据界限内很小范围的数据可能会引起错误的运行,或引起性能急剧下降,敏感测试用于发现可能会引起不稳定或错误处理的数据组合。

6.2.3　可靠性测试

软件可靠性是软件质量的一个重要标志。IEEE 将软件可靠性定义为系统在特定的环境下,在给定的时间内无故障地运行的概率。软件可靠性涉及软件的性能、功能性、可用性、可服务性、可安装性、可维护性等多方面特性,是对软件在设计、生产以及在它所预定环境中具有所需功能的置信度的一个度量。

可靠性测试一般伴随着强壮性测试,是评估软件在运行时的可靠性,通过测试确认平均无故障时间、故障发生前的平均工作时间或因故障而停机的时间在一年中应不超过多少时间。可靠性测试强调随机输入,并通过模拟系统实现,很难通过实际系统的运行来实现。

6.2.4　数据库测试

数据库测试一般包括数据库的完整测试和数据库容量测试。

1) 数据库完整测试

数据库完整测试是指测试关系型数据库中的数据是否完整,用于防止对数据库的意外破坏,提高了完整性检测的效率。

数据库完整性原则如下所示。

(1) 实体完整性

实体完整性规定主码的任何属性都不能为空,通过主码的唯一性标识实体。

(2) 参照完整性

参照完整性是对关系间引用数据的一种限制,参照完整性通过外码来体现,外码必须等于对应的主码或者为空。

(3) 用户自定义完整性

例如,通过用户自定义完整性将员工的年龄限制在 20～35 岁之间,如果用户输入的年龄不在这个范围之内,就违反了“用户自定义完整性”的原则。

2) 数据库容量测试

数据库容量测试是指数据库是否能存储数据量的极限,还用于确定在给定时间内能够持续处理的最大负载。

6.2.5　安全性测试

安全性测试是测试系统在应付非授权的内部/外部访问、非法侵入或故意的损坏时的系统防护能力,检验系统是否有能力使可能存在的内/外部伤害或损害的风险限制在可接受的水平内。可靠性通常包括安全性,但是软件的可靠性不能完全取代软件的安全性,安全性还涉及数据加密、保密、存取权限等多个方面。

进行安全性测试时，需要设计一些试图突破系统安全保密措施的测试用例，检验系统是否有安全保密漏洞，验证系统的保护机制是否能够在实际中不受到非法侵入。安全性测试采用建立整体的威胁模型，测试溢出漏洞、信息泄露、错误处理、身份验证和授权错误等。

在安全测试过程中，测试者扮演攻击系统的角色，一般采用如下方法。

(1) 尝试截取、破译、获取系统密码。

(2) 让系统失效、瘫痪，将系统制服，使他人无法访问，自己非法进入。

(3) 试图浏览保密的数据，检验系统是否有安全保密的漏洞。

6.2.6 兼容性测试

兼容性是指某个软件能够稳定地工作在某个操作系统/平台之中，就说这个软件对这个操作系统/平台是兼容的；其次，在多任务操作系统中，几个同时运行的软件之间如果能够稳定地工作，就认为这几个软件之间兼容性较好，否则就是兼容性不好；另外，就是软件数据的共享，几个软件之间无须复杂的转换，即可方便地共享相互之间的数据，也称为兼容。

软件兼容性测试要检查软件能否在不同组合的环境下正常运行，或者软件之间能否正常交互和共享信息。作为衡量软件好坏的重要指标之一，软件兼容性用于保证软件在不同环境中都能按照用户期望的方式进行交互。

软件兼容性测试分为软件兼容性和数据兼容性，具体如下所示。

1) 软件兼容性

软件兼容性是指平台的兼容性、浏览器兼容性和应用软件之间的兼容性。其中，平台兼容性用于检查哪些功能依赖于系统的调用，这些调用是否是某个平台或版本所独有的，是否在不同平台上有差异，然后标识出来，进行兼容性测试。

由于许多软件在升级时会做出很多修改，需要检查使用方式是否和老版本兼容，这种操作性方面的兼容并非要求必须完全一样，而是让已经习惯了老版本操作的用户能很快适应新版本的变化。

2) 数据兼容性

数据兼容性主要是指数据能否共享等。如通信协议的软件版本升级后，对网络通信协议也进行了升级，就要检查和老版本的通信协议是否一致，需要标识出来进行兼容性测试。

兼容性测试流程如图 6.1 所示。

6.2.7 可用性测试

可用性是系统正常运行的能力和程度，在一定程度上也是系统可靠性的表现。一般用如下公式表示。

可用性＝平均正常工作时间/（平均正常工作时间
＋平均修复时间）

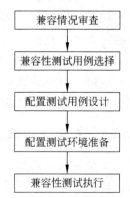

图 6.1 兼容性测试流程

影响可用性的因素有如下几方面。

（1）不充分的测试。

（2）更改管理问题。

（3）缺少在线监视和分析。

（4）操作错误。

（5）弱编码。

（6）与外部服务或应用程序的交互。

（7）不同的操作条件（使用级别更改、峰值重载）。

（8）异常事件（安全性失败、广播风暴）。

（9）硬件故障（硬盘、控制器、网络设备、服务器、电源、内存和 CPU）。

（10）环境问题（电源、冷却、火、洪水、灰尘、自然灾害）。

下面给出提高可用性的办法。

（1）使用群集。

集群包括至少将两个系统连接到一起，使两个服务器能够像一台机器那样工作。集群是高可用性的关键技术，因为它是在出现失败时，提供即时故障转移的应用程序服务。

（2）使用网络负载平衡。

网络负载平衡通过检测某服务器失败后，自动将通信量重新分发给仍然运行的服务器。

（3）使用服务级别协议。

定义期望的服务级别。可用性指标一般要求达到 4 个或 5 个"9"，例如，"该应用程序应每周运行 7 天，每天 24 小时，年可用性为 99.99％"是指全年不能正常工作的时间仅仅只有 52 分钟，不足 1 个小时。

（4）提供实时的监视。

连续监视操作工作负荷和失败数据，对于发现趋势和改善服务至关重要。

（5）使用数据备份。

（6）检查所有安全计划。

安全性是确保应用程序服务只对有资格的用户可用，还意味着保护应用程序使用的所有分布式组件和资源。

6.3　性能测试步骤

针对不同的系统架构，开发人员可能选择不同的实现方式。下面介绍一种选择测试策略的方法，帮助分析软件系统整体架构的性能指标和性能瓶颈，其步骤如下所示。

步骤 1：制定目标和分析系统。

步骤 2：选择测试度量的方法。

步骤 3：采用相关技术和工具。

步骤 4：制定评估标准。

步骤5：设计测试用例。

步骤6：运行测试用例。

步骤7：分析测试结果。

1) 制定目标和分析系统

性能测试计划中的第一步都会制定目标和分析系统。只有明确目标和了解系统构成，才会澄清测试范围，知道在测试中要掌握什么样的技术。明确目标是指确定客户需求和期望、实际业务需求和系统需求。

系统组成明确测试的范围，选择适当的测试方法来进行测试。系统组成包含系统类别、系统构成、系统功能等。系统类别采用的体系结构是 B/S 结构，需要掌握 http 协议、Java、html 等技术；若系统为 C/S 结构，需要了解 OS、winsock 等。不同的系统构成性能测试就会得到不同的结果。一般的性能测试都是利用测试工具模仿大量的实际用户操作，系统在超负荷情形下运作。系统功能是性能测试中要模拟的环节，是指系统提供的不同子系统、办公管理系统中的公文子系统、会议子系统等。

2) 选择测试度量方法

经过第一步的制定目标和分析系统后，接下来进行软件度量，收集系统相关的数据。度量包括如下内容。

(1) 制定规范。

(2) 制定相关流程、角色、职责。

(3) 制定改进策略。

(4) 制定结果对比标准。

3) 采用相关技术和工具

性能测试是通过测试工具模拟大量用户操作，对系统增加负载，所以必须熟练地掌握和运用测试工具。由于性能测试工具一般基于不同的软件系统架构实现，脚本语言也不同，只有经过工具评估才能选择符合现有软件架构的性能测试工具。确定测试工具后，需要组织测试人员学习测试工具，培训相关的测试技术。

4) 制定评估标准

任何测试的目的是确保软件符合预先规定的目标和要求。通常性能测试有线性投射、分析模型、模仿和基准4种模型技术用于评估。

(1) 线性投射。

通过大量过去的、扩展的或者将来可能发生的数据组成散布图，利用这个图表不断和系统的当前状况进行对比。

(2) 分析模型。

通过预测响应时间，将工作量的数据和系统本质关联起来，进行分析模型。

(3) 模仿。

模仿实际用户的使用方法，反复测试系统。

(4) 基准。

定义测试作为标准，与后面进行的测试结果进行对比。

5）设计测试用例

设计测试用例的原则是受最小的影响,提供最多的测试信息。设计测试用例的目标是一次尽可能包含多个测试要素,这些测试用例必须是测试工具可以实现的,不同的测试场景将测试不同的功能。

6）运行测试用例

通过性能测试工具运行测试用例,需要不同的测试环境以及不同的机器配置。

7）分析测试结果

运行测试用例后收集相关信息,进行数据统计分析,找到性能瓶颈。通过排除误差和其他因素,让测试结果体现真实情况。不同的体系结构,分析测试结果的方法也不同,B/S 结构的系统通常会分析网络带宽、流量对用户操作响应的影响,而 C/S 结构可能更关心系统整体配置对用户操作的影响。

6.4　Web 测试

基于 Web 的软件架构系统的测试与传统的软件测试不同,不但需要检查和验证网站是否按照设计的要求运行,还要测试网站是否适合不同用户的浏览器显示,并要从最终的使用用户的角度进行安全性和可用性的各项测试。

6.4.1　Web 系统体系结构

随着 Internet 的兴起,新技术如 html、Java、JavaScript 等运行,客户端系统平台和浏览器等不同,需要从最终用户的角度进行安全性和可用性等方面的测试。

Web 的 3 层架构如图 6.2 所示。

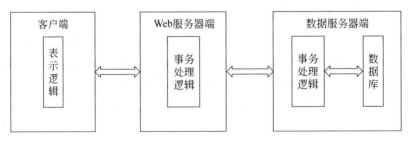

图 6.2　B/S 模式结构

第 1 层为客户端表示层,一般就是 Web 浏览器,用于从位于 Web 服务器下载数据,到本地的浏览器中执行。

第 2 层是应用服务器层,处理应用中的所有业务逻辑,包括对数据库的访问等工作,该层具有良好的可扩充性,可以随着应用的需要任意增加服务的数目。

第 3 层是数据中心层,主要由数据库组成,用于存放数据。

下面从功能测试、性能测试、兼容性测试和安全性测试等几个方面介绍 Web 软件的测试过程,如图 6.3 所示。

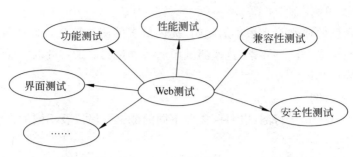

图 6.3　Web 测试类型

6.4.2　Web 测试内容

1. 用户界面测试

用户通过 Web 界面实现对软件的访问和操作，Web 界面测试的主要目的是确保系统向用户提供了正确的信息显示，使用户能够进行正确的操作，从而实现 Web 应用的功能。用户界面测试包括导航测试、图形测试、内容测试和整体界面测试，如图 6.4 所示。

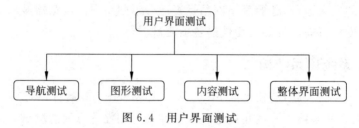

图 6.4　用户界面测试

用户界面测试的主要内容如下。

1）导航测试

Web 应用系统的用户趋向于目的驱动，很快地扫描一个 Web 应用系统，看是否有满足自己需要的信息，如果没有，就会很快地离开。很少有用户愿意花时间去熟悉 Web 应用系统的结构，因此 Web 应用系统导航帮助要尽可能准确。

导航描述了用户在不同的连接页面之间跳转的方式。导航测试需要考虑下列问题，从而决定一个 Web 应用系统是否易于导航。

（1）导航是否直观？

（2）Web 系统的主要部分是否可通过主页存取？

（3）Web 系统是否需要站点地图、搜索引擎或其他的导航帮助？

（4）Web 应用系统的页面结构、导航、菜单、连接的风格是否一致？

（5）确保用户凭直觉就知道 Web 应用系统里面是否还有内容，内容在什么地方。

2）图形测试

在 Web 应用系统中，适当的图形不但能起到广告宣传的作用，而且具有美化页面的功能。一个 Web 应用系统的图形包括图片、动画、边框、颜色、字体、背景、按钮等。

图形测试的内容如下。

（1）确保用于链接的图形都有明确的用途，能清楚地说明某件事情。

（2）验证所有页面字体的风格是否一致。

（3）背景颜色应该与字体颜色和前景颜色相搭配。

（4）图片的大小和质量也是一个很重要的因素，一般采用 JPG 或 GIF 格式压缩。

3）内容测试

内容测试用来检验 Web 应用系统提供信息的正确性、准确性和相关性。

信息的正确性是指信息是可靠的还是误传的。例如，在商品价格列表中，错误的价格可能引起财务问题。

信息的准确性是指是否有语法或拼写错误。例如，Word 中的"拼音与语法检查"功能。

信息的相关性是指是否在当前页面可以找到与当前浏览信息相关的信息列表或入口。例如，有些网站页面中的"相关文章列表"。

4）整体界面测试

整体界面是指整个 Web 应用系统页面结构的设计，它给用户的是一个整体感觉。例如，用户浏览 Web 应用系统时是否感到舒适？用户是否凭直觉就知道要找的信息在什么地方？整个 Web 应用系统的设计风格是否一致？对整体界面的测试过程，其实是对最终用户进行调查的过程，一般 Web 应用系统采取在主页上做一个调查问卷的形式来得到最终用户的反馈信息。

2. 功能测试

功能测试作为黑盒测试的一个方面，用于检查实际软件的功能是否符合用户的需求。功能测试包括链接测试、表单测试、Cookies 测试和数据库测试，如图 6.5 所示。

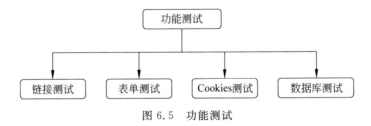

图 6.5　功能测试

功能测试的主要内容如下。

1）链接测试

链接是 Web 应用系统的一个主要特征，它是在页面之间切换和指导用户去一些未知地址页面的主要手段。链接测试可分为如下三个方面。

（1）测试所有链接是否按指示确实链接到了该链接的页面。

（2）测试所链接的页面是否存在。

（3）最后保证 Web 应用系统上没有孤立的页面。所谓孤立页面，是指没有链接指向该页面，只有知道正确的 URL 地址才能访问。

2）表单测试

当用户给 Web 应用系统管理员提交信息时，需要使用表单操作，如用户注册、登录、信息提交等。在这种情况下,必须测试提交操作的完整性,以校验提交给服务器的信息的正确性。例如,用户填写的出生日期与职业是否恰当,填写的所属省份与所在城市是否匹配等。如果使用了默认值,则要检验默认值的正确性。表单测试需要验证服务器是否能正确保存这些数据,而且后台运行的程序能否正确解释和使用这些信息。

3)Cookies测试

Cookies通常用来存储用户信息,是让网站服务器把少量数据储存到客户端的硬盘或内存,或者是从客户端的硬盘读取数据的一种技术。Cookies通常用来存储用户信息和用户在某些应用系统的操作,如用户ID、密码、浏览过的网页、停留的时间等信息。当用户下次再来到该网站时,网站通过读取Cookies得知用户的相关信息,从而做出相应的动作。如果Web应用系统使用了Cookies,就必须检查Cookies是否能正常工作。测试的内容可包括Cookies是否起作用,是否按预定的时间进行保存,以及刷新对Cookies有什么影响等。

4)数据库测试

关系型数据库为Web应用系统的管理、运行、查询和实现用户对数据存储的请求等提供空间。一般情况下,数据库测试可能发生两种错误,数据一致性错误和输出错误。数据一致性错误主要是由于用户提交的表单信息不正确造成的,输出错误主要是由于网络速度或程序设计等问题引起的。

3. 性能测试

性能测试包括链接速度测试、负载测试、压力测试,如图6.6所示。

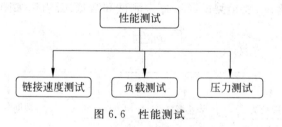

图6.6 性能测试

1)链接速度测试

用户连接到Web应用系统的速度根据上网方式的变化而变化,或许是电话拨号,或许是宽带上网。下载一个程序时,用户可以等较长的时间,但如果仅仅访问一个页面就不会这样。如果Web系统响应时间太长(例如超过5s),用户就会因没有耐心等待而离开。另外,有些页面有超时的限制,如果响应速度太慢,用户可能还来不及浏览内容就需要重新登录了。而且,连接速度太慢还可能引起数据丢失,使用户得不到真实的页面。

2)负载测试

负载测试是模拟实际软件系统所承受的负载条件的系统负荷,通过不断加载(如逐渐增加模拟用户的数量)或其他加载方式来观察不同负载下系统的响应时间和数据吞吐量、系统占用的资源(如CPU、内存)等,以检验系统的行为和特性,用于发现系统可能存在的性能瓶颈、内存泄露、不能实时同步等问题。例如,Web应用系统能允许多少个用户同时在线？如果超过了这个数量，会出现什么现象？Web 应用系统是否能处理大量用户对同一个页面的请求？

3）压力测试

压力测试是在强负载（大数据量、大量并非用户等）下的测试，检查应用系统在峰值使用情况下的操作行为，从而有效地发现系统的某项功能隐患、系统是否具有良好的容错能力和可恢复能力（如 24 小时以上）的稳定性压力测试和极限负载情况下导致系统崩溃的破坏性压力测试。

4. 兼容性测试

兼容性测试包括平台兼容性、浏览器兼容性、分辨率兼容性和组合兼容性，如图 6.7 所示。

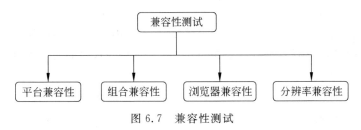

图 6.7　兼容性测试

兼容性测试的主要内容如下。

1）平台兼容性测试

市场上有很多操作系统，例如 Windows、Unix、Macintosh、Linux 等。Web 应用系统的最终用户究竟使用哪一种操作系统，取决于用户系统的配置。这样就可能会发生兼容性问题。即，同一个应用在某些操作系统下能正常运行，但在另外一些操作系统下可能会运行失败。因此，在 Web 系统发布之前，需要在各种操作系统下对 Web 系统进行兼容性测试。

2）浏览器兼容性测试

浏览器是 Web 客户端的核心构件，来自不同厂商的浏览器对 Java、JavaScript、Active X 有不同的支持。例如，Active X 是 Microsoft 的产品，是为 IE 而设计的，JavaScript 是 Netscape 的产品，Java 是 Sun 的产品等等。不同的浏览器对安全性的设置不一样。网页的框架和层次结构风格在不同的浏览器中也有不同的显示，甚至根本不显示。

3）分辨率兼容性测试

分辨率的测试是为了页面版在不同的分辨率模式下能正常显示，字体符合要求而进行的测试。现在常见的分辨率是 1280×1024、1027×768、800×600。对于常见的分辨率，测试必须保证测试通过，对于其他分辨率，根据具体情况进行取舍。

4）组合兼容性测试

最后需要进行组合测试。理想的情况是，系统能在所有机器上运行，这样就不会限制将来的发展和变动。

5. 安全性测试

安全性测试是检验在系统中已存在的安全性保密性措施是否发挥作用。一般情况下,网络软件的安全评估包括以下内容。

(1) 检验和测试网络软件中涉及数据传输各部分的配置对安全的影响。

(2) 会话跟踪是否足够。

(3) 是否正确使用了加密技术。

(4) 变量限制的设定。

(5) 服务器端执行程序中的安全漏洞。

(6) HTML 源码中是否有敏感的信息或没有必须出现的信息。

Web 应用系统的安全性测试区域主要如下所示。

1) 用户身份认证

Web 应用系统基本采用先注册、后登录的方式。因此,必须测试有效和无效的用户名和密码,注意是否大小写敏感、次数的限制,是否不登录而直接浏览某个页面等。

(1) 用户 ID 选定的复杂程度是否足够。

(2) 拒绝登录是否可靠(用户经 n 次登录失败后会遭遇拒绝登录)。

(3) 用户密码是否留在客户端处。

(4) 登录出错提示是否正确。

(5) 密码设定及管理的规定是否足够严格。

2) 用户授权

(1) Cookie 的使用是否正确。

(2) 高速缓存数据的处理是否安全。

(3) 跟踪逻辑是否合理。

(4) 接管会话的发生率。

3) 信息外泄

信息外泄主要是检查 HTML 源码中是否有信息外泄的情况(如改版的情况、说明、主机的内部信息等)。

4) 字段变量的控制

(1) 是否去除了缓冲存储溢出(如检测过长 URL 引起的缓冲存储溢出)。

(2) SQL 语句变量植入的控制。

(3) 是否严格控制在字段中嵌入系统指令。

5) 会话时间控制

Web 应用系统是否有超时的限制,也就是说,用户登录后在一定时间内(例如 15min)没有单击任何页面,是否需要重新登录才能正常使用。

(1) 是否允许"返回"(会话结束后)。

(2) 是否允许单一会话(同一用户不能同时多次登录)。

(3) 是否及时清除或处理失效用户的登录认证。

(4) 空机超时控制。

6）高速缓存控制

为了保证 Web 应用系统的安全性，日志文件是至关重要的。需要测试相关信息是否写进了日志文件、是否可追踪。

（1）不允许任何敏感资料存放在终端机。

（2）不允许任何可以重开会话的会话跟踪资料存储。

7）服务器软件逻辑

服务器端的脚本常常构成安全漏洞，要测试没有经过授权就不能在服务器端放置和编辑脚本的问题。

（1）网络软件执行环境。

（2）网络软件与数据库的连接。

（3）内部代理服务器的监测。

（4）应用过程界面，所有指令是否获得许可。

8）用户端软件脆弱性检测。

9）用户端的各种设定。

10）错误处理

（1）出错提示是否含有敏感资料或消息。

（2）出错提示含有揭示数据库及中介软件的资料是否暴露所使用的软件。

11）第三方软件的安全程度

（1）所有中介软件是否涉及已公布于众的安全漏洞。

（2）网络软件所使用的通信协议。

（3）软件的安全设定。

12）网络软件的管理

（1）是否订立明确的管理条款、程序。

（2）进入管理网页的控制是否严密。

（3）远程登录管理的安全性。

13）数据加密

（1）加密的力度是否够。

（2）用户密码的存储是否安全。

（3）密匙管理以及密匙撤销是否立即生效。

软件测试自动化

软件测试自动化是指通过测试工具对软件进行测试。本章介绍了自动化测试和手工测试的区别、自动化测试发展历程、测试成熟度模型、自动化测试体系、测试工具分类以及测试工具特征、如何选择测试工具等内容。

7.1 自动化测试与手工测试

随着计算机日益广泛的应用,软件变得越来越庞大和复杂,软件测试的工作量也随之增大。自动化测试采用软件测试工具实现手工测试难以实现的功能,减轻了手工测试的工作量,减少了测试的执行时间,提高了测试效率。

自动化测试往往适合以下场合。

(1) 软件需求变动不频繁。

当软件需求变动过于频繁,势必多次更新测试用例以及测试脚本,而自动化测试适合于需求中相对稳定的模块。

(2) 项目周期足够长。

自动化测试需求的确定、自动化测试框架的设计、测试脚本的编写与调试需要相当长的时间来完成,因此需要项目周期足够长。

(3) 测试脚本重复使用的情况。

负载测试需要模拟大量并发用户,手工测试往往难以完成。

手工测试与自动化测试对比如表 7.1 所示。

表 7.1 手工测试与自动化测试对比

手 工 测 试	自 动 化 测 试
效率低,耗费时间	效率高
耗费人力	覆盖率高
低可靠性	可靠性高
不一致性	可重复性利用
仅对一次性的测试有益	重复测试节省时间
对测试人员要求低	对测试人员要求高

当然,自动化测试也有如下的局限性,不能取代手工测试。

(1) 测试用例的设计:测试人员的经验和对错误的猜测能力是工具不可替代的。

(2) 界面和用户体验测试:审美观和心理体验是不可替代的。

(3) 正确性检查:对是否的判断、逻辑推理能力是工具不可替代的。

(4) 手工测试比自动化测试发现的缺陷更多。

(5) 不能用于测试周期很短的项目。

(6) 不能保证100％的测试覆盖率。

(7) 不能测试不稳定的软件。

(8) 不能测试软件易用性。

7.2　自动化测试发展历程

自动化测试发展经历了机械方式实现人工重复操作、统计分析的自动测试、面向目标的自动测试技术和智能应用的自动测试技术等4个阶段,如图7.1所示。

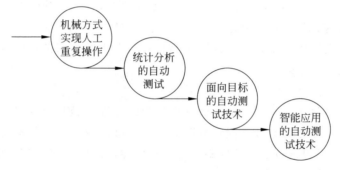

图 7.1　自动化测试发展阶段

第1阶段:机械方式实现人工重复操作

自动化测试的最初研究主要集中在如何采用自动方法实现和替代人工测试中烦琐和机械重复的工作,将人工设计测试数据改变成自动生成测试数据的方法,对程序进行动态执行检测。此时的自动测试活动只是软件测试过程中出现的偶然行为,虽然在一定程度上可提高某些测试行为的效率,简化测试人员的工作,但对整体的测试过程并无太大的提高。

第2阶段:统计分析的自动测试

只有保证了自动测试结果的可靠性,其使用才具有实际的意义。该阶段有针对性地引入了不同的测试准则和测试策略,指导测试的自动化过程以及对测试的结果进行评估。

第3阶段:面向目标的自动测试技术

面向目标的自动测试技术并不是机械和随机地发现错误的活动。由于各种高性能的算法,如进化计算和人工智能等领域被引入到自动测试技术中,因此测试具有很强的目的性。

第4阶段:智能应用的自动测试技术

引入能力成熟度模型后,不同的自动测试等级成为测试能力的一个衡量依据。

7.3 测试成熟度模型

测试成熟度模型(Testing Maturity Model,TMM)描述了测试的过程,分为初始级,定义级,集成级,管理和测量级以及优化、预防缺陷和质量控制级5个等级。

1. 初始级

TMM初始级软件测试过程的特点是测试过程无序,有时甚至是混乱的,几乎没有妥善定义的。在初始级中,软件的测试与调试常常被混为一谈,软件开发过程中缺乏测试资源、工具以及训练有素的测试人员,初始级的软件测试过程没有定义成熟度目标。

2. 定义级

TMM的定义级中,测试已具备基本的测试技术和方法,软件的测试与调试已经明确地区分开。这时,测试被定义为软件生命周期中的一个阶段,它紧随在编码阶段之后,由于测试计划往往在编码之后才制定,因此显然有悖于软件工程的要求。

TMM的定义级中需实现3个成熟度目标:制定测试与调试目标,启动测试计划过程,制度化基本的测试技术和方法。

1) 制定测试与调试目标

软件组织必须区分软件开发的测试过程与调试过程,识别各自的目标、任务和活动。正确区分这两个过程是提高软件组织测试能力的基础。与调试工作不同,测试工作是一种有计划的活动,可以进行管理和控制。这种管理和控制活动需要制定相应的策略和政策,以确定和协调这两个过程。

制定测试与调试目标包含以下5个子成熟度目标。

(1) 分别形成测试组织和调试组织,并有经费支持。

(2) 规划并记录测试目标。

(3) 规划并记录调试目标。

(4) 将测试和调试目标形成文档,并分发至项目涉及的所有管理人员和开发人员。

(5) 将测试目标反映在测试计划中。

2) 启动测试计划过程

测试计划作为过程可重复、可定义和可管理的基础,包括测试目的、风险分析、测试策略以及测试设计规格说明和测试用例。此外,测试计划还应说明如何分配测试资源,如何划分单元测试、集成测试、系统测试和验收测试。启动测试计划过程包含以下5个子目标。

(1) 建立组织内的测试计划组织,并予以经费支持。

(2) 建立组织内的测试计划政策框架,并予以管理上的支持。

(3) 开发测试计划模板并分发至项目的管理者和开发者。

(4) 建立一种机制,使用户需求成为测试计划的依据之一。

（5）评价、推荐和获得基本的计划工具，并从管理上支持工具的使用。

3）制度化基本的测试技术和方法

应用基本的测试技术和方法，并说明何时和怎样使用这些技术、方法和支持工具，基本测试技术和方法的制度化有如下两个子目标。

（1）在组织范围内成立测试技术组，研究、评价和推荐基本的测试技术和测试方法，推荐支持这些技术与方法的基本工具。

（2）制定管理方针，以保证在全组织范围内一致使用所推荐的技术和方法。

3. 集成级

在 TMM 的集成级中，测试不再是编码阶段之后的阶段，已被扩展成与软件生命周期融为一体的一组活动。测试活动遵循 V 字模型。测试人员在需求分析阶段便开始着手制定测试计划，根据用户需求建立测试目标和设计测试用例。软件测试组织提供测试技术培训，测试工具支持关键测试活动。但是，集成级没有正式的评审程序，没有建立质量过程和产品属性的测试度量。

集成级要实现如下 4 个成熟度目标：建立软件测试组织，制定技术培训计划，软件生命周期测试，控制和监视测试过程。

1）建立软件测试组织

软件测试过程对软件产品质量有直接影响。由于测试往往是在时间紧、压力大的情况下完成的一系列复杂活动，测试组完成与测试有关的活动，包括制定测试计划，实施测试执行，记录测试结果，制定与测试有关的标准和测试度量，建立测试数据库、测试重用、测试跟踪以及测试评价等。

建立软件测试组织要实现以下 4 个子目标。

（1）建立全组织范围内的测试组，并得到上级管理层的领导和各方面的支持，包括经费支持。

（2）定义测试组的作用和职责。

（3）由训练有素的人员组成测试组。

（4）建立与用户或客户的联系，收集他们对测试的需求和建议。

2）制定技术培训计划

为高效率地完成好测试工作，测试人员必须经过适当的培训。

制定技术培训规划有以下 3 个子目标。

（1）制定组织的培训计划，并在管理上提供包括经费在内的支持。

（2）制定培训目标和具体的培训计划。

（3）成立培训组，配备相应的工具、设备和教材。

3）软件全生命周期测试

提高测试成熟度和改善软件产品质量都要求将测试工作与软件生命周期中的各个阶段联系起来。该目标有以下 4 个子目标。

（1）将测试阶段划分为子阶段，并与软件生命周期的各阶段相联系。

（2）基于已定义的测试子阶段，采用软件生命周期 V 字模型。

（3）制定与测试相关的工作产品的标准。

（4）建立测试人员与开发人员共同工作的机制。这种机制有利于促进将测试活动集成于软件生命周期中。

4）控制和监视测试过程

软件组织采取如下措施：制定测试产品的标准，制定与测试相关的偶发事件的处理预案，确定测试里程碑，确定评估测试效率的度量，建立测试日志等。控制和监视测试过程有以下 3 个子目标。

（1）制定控制和监视测试过程的机制和政策。

（2）定义、记录并分配一组与测试过程相关的基本测量。

（3）开发、记录并文档化一组纠偏措施和偶发事件处理预案，以备实际测试严重偏离计划时使用。

在 TMM 的定义级，测试过程中引入计划能力，在 TMM 的集成级，测试过程引入控制和监视活动。两者均为测试过程提供了可见性，为测试过程持续进行提供保证。

4. 管理和测量级

在 TMM 的管理和测量级中，测试活动包括软件生命周期中各个阶段的评审、审查和追查，使得测试活动涵盖软件验证和确认活动。因为测试是可以量化并度量的过程，根据管理和测量级要求，与软件测试相关的活动，如测试计划、测试设计和测试步骤，都要经过评审。为了测量测试过程，建立了测试数据库，用于收集和记录测试用例，记录缺陷并按缺陷的严重程度划分等级。此外，所建立的测试规程应能够支持软件组中对测试过程的控制和测量。

管理和测量级有 3 个要实现的成熟度目标：建立组织范围内的评审程序，建立测试过程的测量程序和软件质量评价。

1）建立组织范围内的评审程序

软件组织应在软件生命周期的各阶段实施评审，以便尽早有效地识别，分类和消除软件中的缺陷。建立评审程序有以下 4 个子目标。

（1）管理层要制定评审政策，支持评审过程。

（2）测试组和软件质量保证组要确定并文档化整个软件生命周期中的评审目标、评审计划、评审步骤以及评审记录机制。

（3）评审项由上层组织指定。培训参加评审的人员，使他们理解和遵循相关的评审政策、评审步骤。

2）建立测试过程的测量程序

测试过程的测量程序是评价测试过程质量，改进测试过程的基础，对监视和控制测试过程至关重要。测量包括测试进展、测试费用、软件错误和缺陷数据以及产品测量等。建立测试测量程序有以下 3 个子目标。

（1）定义组织范围内的测试过程、测量政策和目标。

（2）制定测试过程测量计划。测量计划中应给出收集、分析和应用测量数据的方法。

（3）应用测量结果制定测试过程改进计划。

3）软件质量评价

软件质量评价内容包括定义可测量的软件质量属性,定义评价软件工作产品的质量目标等项工作。软件质量评价有两个子目标。

（1）管理层、测试组和软件质量保证组要制定与质量有关的政策、质量目标和软件产品质量属性。

（2）测试过程应是结构化、已测量和已评价的,以保证达到质量目标。

5. 优化、预防缺陷和质量控制级

本级的测试过程是可重复、可定义、可管理的,因此软件组织优化调整和持续改进测试过程。测试过程的管理为持续改进产品质量和过程质量提供指导,并提供必要的基础设施。

优化、预防缺陷和质量控制级有以下 3 个要实现的成熟度目标。

（1）应用过程数据预防缺陷,此时的软件组织能够记录软件缺陷,分析缺陷模式,识别错误根源,制定防止缺陷再次发生的计划,提供跟踪这种活动的办法,并将这些活动贯穿于全组织的各个项目中。应用过程数据预防缺陷的成熟度子目标如下。

① 成立缺陷预防组。

② 识别和记录在软件生命周期各阶段引入的软件缺陷和消除的缺陷。

③ 建立缺陷原因分析机制,确定缺陷原因。

④ 管理、开发和测试人员互相配合制定缺陷预防计划,防止已识别的缺陷再次发生。缺陷预防计划要具有可跟踪性。

（2）质量控制在本级,软件组织通过采用统计采样技术测量组织的自信度,测量用户对组织的信赖度以及设定软件可靠性目标来推进测试过程。为了加强软件质量控制,测试组和质量保证组要有负责质量的人员参加,他们应掌握能减少软件缺陷和改进软件质量的技术和工具。支持统计质量控制的子目标如下。

① 软件测试组和软件质量保证组建立软件产品的质量目标,如产品的缺陷密度、组织的自信度以及可信赖度等。

② 测试管理者要将这些质量目标纳入测试计划中。

③ 培训测试组学习和使用统计学方法。

④ 收集用户需求,以建立使用模型。

（3）优化测试过程在测试成熟度的最高级,以能够量化测试过程。这样就可以依据量化结果来调整测试过程,不断提高测试过程能力,并且软件组织具有支持这种能力持续增长的基础设施。基础设施包括政策、标准、培训、设备、工具以及组织结构等。优化测试过程包含如下内容。

① 识别需要改进的测试活动。

② 实施改进。

③ 跟踪改进进程。

④ 不断评估所采用的与测试相关的新工具和新方法。

⑤ 支持技术更新。

（4）测试过程优化所需子成熟度目标包括如下内容。

① 建立测试过程改进组，监视测试过程并识别需要改进的部分。

② 建立适当的机制，以评估改进测试过程能力和测试成熟度的新工具和新技术。

③ 持续评估测试过程的有效性，确定测试终止准则。

总之，TMM 5 个阶段的总结如下。

第 1 阶段：测试和调试没有区别，除了支持调试外，测试没有其他目的。

第 2 阶段：测试的目的是为了表明软件能够工作。

第 3 阶段：测试的目的是为了表明软件能够正常工作。

第 4 阶段：测试的目的不是要证明什么，而是为了把软件不能正常工作的预知风险降低到能够接受的程度。

第 5 阶段：测试成为了自觉的约束，不用太多的测试投入便能产生低风险的软件。

表 7.2 总结了测试成熟度模型的基本描述。

表 7.2　测试成熟度模型的基本描述

级 别	简单描述	特 征	目 标
初始级	测试处于一个混乱的状态，缺乏成熟的测试目标，测试处于可有可无的地位	还不能把测试同调试分开；编码完成后才进行测试工作；测试的目的是表明程序没有错；缺乏相应的测试资源	改变成定义级
定义级	测试目标是验证软件符合需求，会采用基本的测试技术和方法	测试被看做是有计划的活动；测试同调试分开；在编码完成后才进行测试工作	启动测试计划过程；将基本的测试技术和方法制度化
集成级	测试不再是编码后的一个阶段，而是贯穿在整个软件生命周期中，测试建立在满足用户或客户的需求上	具有独立的测试部门；根据用户需求设计测试用例；有测试工具辅助进行测试工作；没有建立起有效的评审制度；没有建立起质量控制和质量度量标准	建立软件测试组织；制定技术培训计划；测试在整个生命周期内进行；控制和监视测试过程
管理和度量级	测试是一个度量和质量的控制过程。在软件生命周期中评审被作为测试和软件质量控制的一部分	进行可靠性、可用性和可维护性等方面的测试；采用数据库来管理测试用例；具有缺陷管理系统并划分缺陷的级别；还没有建立起缺陷预防机制，缺乏自动对测试中产生的数据进行收集和分析的手段	实施软件生命周期中的各阶段评审；建立测试数据库并记录、收集有关测试数据；建立组织范围内的评审程序；建立测试过程的度量方法和程序；进行软件质量评价
优化级	具有缺陷预防和质量控制的能力，已经建立起测试规范和流程，并不断地进行测试改进	运用缺陷预防和质量控制措施；选择和评估测试工具存在一个既定的流程；测试自动化程度高；自动收集缺陷信息；有常规的缺陷分析机制	应用过程数据预防缺陷，统计质量控制，建立软件产品的质量目标，持续改进、优化测试过程

7.4 自动化测试体系

自动化测试体系包括测试用例管理、分析报告、开发环境、运行环境和代码管理等,如图7.2所示。开发环境包括开发语言、库程序、驱动程序和开发工具;测试用例管理包括测试用例的定义、设置、分类和组合运行;分析报告是指对于测试工具的运行和长期走势进行的报告;运行环境是指软件测试工具的安装配置;代码管理是指存储和编译。

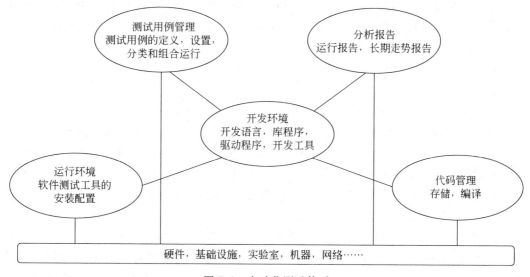

图 7.2 自动化测试体系

自动化测试流程如图7.3所示,包括可行性分析、测试工具选型、设计测试框架、设计测试用例、开发测试脚本、使用测试脚本和维护测试资产等。

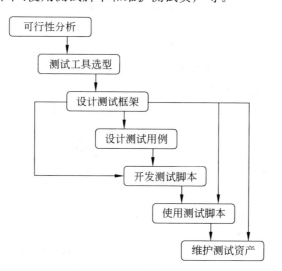

图 7.3 自动化测试流程

7.5 测试工具分类

软件测试工具一般分为黑盒测试工具、白盒测试工具、测试管理工具3类。

7.5.1 黑盒测试工具

黑盒测试工具是指测试软件功能或性能的工具,主要用于系统测试和验收测试,检测每个功能是否都能按照需求规格说明的规定正常工作。黑盒测试工具有 Rational 公司的 Robot;Compuware 公司的 QACenter,Mercury Interactive 公司的 WinRunner 和 Quick Test Professional(QTP)等。

黑盒测试工具一般具有如下功能。

1) 虚拟用户技术

虚拟用户技术通过模拟真实用户行为对被测程序(Application Under Test,AUT)施加负载,测量 AUT 的性能指标值,如事务的响应时间、服务器吞吐量等。虚拟用户技术以执行商业业务的一系列操作为负载基本单位,通过"虚拟用户"模拟成千上万个虚拟用户同时访问 AUT,并实时监视系统性能,帮助测试人员分析测试结果。虚拟用户技术具有成熟测试工具支持,但确定负载的信息要依靠人工收集,准确性不高。

2) 录制/回放

录制/回放是通过捕获用户的每一步操作,如用户界面的像素坐标或程序显示对象(窗口、按钮、滚动条等)的位置以及相应操作、状态变化或属性变化,用一种脚本语言记录描述,模拟用户操作。回放时,将脚本语言转换为屏幕操作,比较被测系统的输出记录与预先给定的标准结果。

3) 脚本技术

脚本是一组测试工具执行的指令集合,也是计算机程序的另一种表现形式。脚本语言至少具有如下的功能。

(1) 支持多种常用的变量和数据类型。

(2) 支持各种条件逻辑、循环结构。

(3) 支持函数的创建和调用。

脚本有两种,一种是手动编写或嵌入源代码;一种是通过测试工具提供的录制功能,运行程序自动录制生成脚本。由于录制生成脚本过于简单,仅靠自动录制脚本无法满足用户的复杂要求,需要添加参数设置,增强脚本的实用性。

脚本技术分为以下几种类型。

(1) 线性脚本。

录制手工执行的测试用例得到的线性脚本,包含用户键盘和鼠标输入,检查某个窗口是否弹出等操作。线性脚本具有如下一些优点:不需要深入的工作或计划,对实际执行操作可以审计跟踪。线性脚本适用于演示、培训或执行较少且环境变化小的测试、数据转换的操作功能。但是,线性脚本具有以下缺点:过程较烦琐,过多依赖于每次捕获的内容,测试输入和比较"捆绑"在脚本中,不能共享或重用脚本,容易受软件变化的影响。另外,线性脚本修改代价大,维护成本高,容易受意外事件影响,导致整个测试失败。

（2）结构化脚本。

结构化脚本类似于结构化程序设计,包含控制脚本执行指令,具有顺序、循环和分支等结构。结构化脚本的优点是健壮性好,通过循环和调用减少工作量;但结构化脚本较复杂,而且测试数据仍然与脚本"捆绑"在一起。

（3）共享脚本。

共享脚本侧重描述脚本中共享的特性,脚本可以被多个测试用例使用,一个脚本可以被另一个脚本调用。当重复任务发生变化,只需修改一个脚本,便可达到脚本共享的目的。

共享脚本具有如下优点:以较少的开销实现类似的测试,维护共享脚本的开销低于线性脚本。但是,共享脚本需要跟踪更多的脚本,给配置管理带来一定困难,并且对于每个测试用例,仍然需要特定的测试脚本。

（4）数据驱动脚本。

数据驱动脚本将测试输入到独立的数据文件(数据库)中,而不是绑定在脚本中。执行时是从数据文件中读数据,使得同一个脚本执行不同的测试,只需对数据进行修改,不必修改执行脚本。通过一个测试脚本指定不同的测试数据文件,实现较多的测试用例,将数据文件单独列出,选择合适的数据格式和形式,达到简化数据、减少出错的目的。

数据驱动脚本具有如下优点:快速增加类似的测试用例,新增加的测试也不必掌握工具脚本技术,对以后类似的测试无须额外的维护,有利于测试脚本和输入数据分离,减少编程和维护的工作量,有利于测试用例的扩充和完善。但是,数据驱动脚本初始建立时开销较大、需要专业人员支持。

（5）关键字驱动脚本。

关键字驱动作为比较复杂的数据驱动技术的逻辑扩展,是将数据文件变成测试用例的描述,用一系列关键字指定要执行的任务。关键字驱动技术假设测试者具有被测系统知识和技术,不必告知如何进行详细动作,以及测试用例如何执行,只说明测试用例即可。关键字驱动脚本多使用说明性方法和描述性方法。

按照完成的职能不同,黑盒测试工具又可分为功能测试工具和性能测试工具。

1）功能测试工具

功能测试工具用于测试软件的功能,代表工具就是 QTP。

2）性能测试工具

性能测试工具用于测试软件的性能,代表工具就是 Loadrunner。

7.5.2　白盒测试工具

目前的白盒测试工具主要支持 C、Visual C++、Java、Visual J++等程序开发语言。白盒测试工具一般针对被测源程序进行测试,测试所发行的故障可以定位到代码级。

根据测试工具工作原理的不同,白盒测试工具分为静态分析工具和动态测试工具。

1）静态分析工具

静态测试工具的代表有 Telelogic 公司的 Logiscope 软件、PR 公司的 PRQA 软件。

静态分析工具直接对代码进行分析,不需要运行代码,也不需要对代码编译链接,生成可执行文件。静态测试工具一般是对代码进行语法扫描,找出不符合编码规范的地方。

按照完成职能的不同,静态测试工具又有以下几种类型。

(1) 代码覆盖率分析器和代码测量器。

代码分析类似于高级编译系统,一般针对高级语言构造分析工具,定义类、对象、函数、变量等定义规则、语法规则,对代码进行语法扫描、跟踪程序逻辑,观看程序的图形表达,找出不符合编码规范的地方,确认死代码,根据某种质量模型评价代码质量、生成系统的调用关系图等。此类工具能够量化设计的复杂度,限制测试所必需的集成测试的数量,有助于进行集成测试。此外,工具还能用多种方式测量测试覆盖率,其中包括代码段、分支段和条件值覆盖率,有助于把没有覆盖到的分支和逻辑结构加入到测试集中。

(2) 一致性检查。

一致性检查检测程序的各个单元是否使用了统一的术语,用于检查是否遵循了设计规格说明,称为一致性检查器。

(3) 接口分析。

接口分析检查程序单元之间接口的一致性,以及是否遵循预先确定的规则和原则。典型的接口分析包括检查传送给子程序的参数以及检查模块的完整性,称为接口检查器。

(4) 类型分析。

类型分析检测数据的赋值与引用之间是否出现了不合理的现象,如引用了未赋予的变量,对以前未曾引用的变量的再次赋值等数据流异常现象。

2) 动态测试工具

动态测试工具的代表有 Compuware 公司的 DevPartner 软件、Rational 公司的 Purify 系列。动态测试工具一般采用"插桩"的方式,向代码插入一些监测代码,用来统计程序运行时的数据。

按照完成职能的不同,动态测试工具分为以下几种类型。

(1) 功能确认与接口测试。

功能确认与接口测试用于测试各个模块功能、模块之间的接口、局部数据结构、主要执行路径、错误处理等。

(2) 性能与内存分析

负载/性能测试工具模拟系统的真实负载,检查系统或者应用程序的响应时间和负载能力。强度测试工具模拟高强度场景运行来确定软件是否会崩溃和什么时候崩溃。性能分析用于查找程序的运行瓶颈,从而改变整个系统性能。此类工具用于验证应用程序是否正确地使用它的内存资源,确定应用程序是否释放了它所申请的内存,并且提供运行时的错误检测。因为许多程序缺陷都和内存问题有关,其中包括性能问题,如果应用程序对于内存的操作非常频繁,进行内存检测是非常必要的。通过分析内存使用情况,可以了解程序内存分配的真实情况,在问题出现前发现征兆,解决故障。

7.5.3 测试管理工具

当前市场上的测试管理工具有 Rational 公司的 Testmanager、ClearQuest 等,

Compuware 公司的 QACenter、TrackRecord 等。测试管理工具是指管理整个测试流程的工具,主要内容有测试用例的管理、缺陷跟踪管理、配置管理等,一般贯穿整个软件测试生命周期。

对于测试框架的支持程度,测试管理工具经历了如下 3 个阶段。

1) 第 1 代:无测试框架

由于测试需求与测试用例的关联非常弱,需要自行编写程序支持自动化测试,因此对测试人员的编程水平要求较高。

2) 第 2 代:部分的测试框架

部分的测试框架实现对于测试用例的管理,具有缺陷跟踪功能,并面向业务流。

3) 第 3 代:完整的测试框架

(1) 基于完整的 BPT 的测试框架。

(2) 拥有数据场景管理。

(3) 企业级的面向工作流的缺陷管理。

(4) 业务流复用框架,轻松完成。

(5) 高伸缩的自动执行框架,可自动分配。

测试管理工具一般具有如下功能。

1) 测试过程生成器

需求管理工具与基于需求说明书的测试过程生成器联成一体。当需求管理工具捕捉到需求信息后,这些信息会被测试过程生成器利用,生成器通过统计、计算或者探索式的方法创建测试过程。若使用统计的方法生成测试过程,工具会按一个分布选择输入值,这个分布可能是统计上的随机分布,或者是和正在测试的软件的用户配置相匹配的分布。测试数据生成器最常使用的策略是动作、数据、逻辑、事件和状态驱动,这此策略用于检测不同种类的软件缺陷。

2) 测试用例管理

测试用例管理具有如下一些功能。

(1) 提供用户界面,用于管理测试。

(2) 对测试进行整理以方便使用和维护。

(3) 启动并管理测试执行,运行用户选择的测试。

(4) 提供与捕获/回放及覆盖分析工具的集成。

(5) 提供自动化的测试报告和相关文档的编制。

3) 缺陷跟踪管理

缺陷跟踪管理又称为问题跟踪工具、故障管理工具等,用于在整个软件生命周期中对缺陷进行跟踪管理和强化管理记录、跟踪并提供全面的帮助。缺陷跟踪管理具有如下一些特征。

(1) 迅速提交和更新故障报告。

(2) 具有选择地自动通知用户对故障状态的修改。

(3) 具有对数据的安全访问。

4）配置管理

配置管理的目标就是为了标识变更、控制变更、确保变更正确实现，并向其他有关人员报告变更。从某种角度讲，配置管理是一种标识、组织和控制修改的技术，目的是使错误降为最小，并最有效地提高生产效率。

目前，市场上主流的软件测试管理工具有 Rational 公司的 Test Manager、Compureware 公司的 TrackRecord、Mercury Interactive 公司的 TestDirector 以及 TestCenter 等软件。

表 7.3 给出了 TestManager、Wiki、Bugzilla、TestDirector 等软件的各自内容。

表 7.3　测试用例管理工具

工　具　名	优　　点	缺　　点
TestManager	（1）功能强大 （2）对测试用例无限分级 （3）可以和 Rational 的测试工具 robot、functional 相结合 （4）有测试用例执行的功能，但必须先生成对应的手工或自动化脚本	（1）本地化支持不好，汉字显示太小 （2）测试用例不太稳定 （3）必须安装客户端才可使用，和开发人员交流不方便 （4）测试用例的展示形式单一
Wiki	（1）Web 界面形式，交流方便 （2）测试用例形式多样 （3）Wiki 提供测试用例的版本控制、版本比较功能 （4）Wiki 提供测试用例加注释功能，方便测试用例评审 （5）Wiki 本身强大的全文索引功能 （6）可以任意为测试用例添加标签	（1）并不是专业的测试用例管理工具 （2）无法和其他测试工具集成 （3）测试用例的统计不方便 （4）没有测试用例的执行跟踪功能 （5）有一些 Wiki 本身的限制，如不同产品的测试用例名也不能重复 （6）目前还没有定制统一的模板
Bugzilla	（1）开源免费 （2）Web 方式的管理界面 （3）自动邮件提醒 （4）与 Bugzilla 结合紧密 （5）测试用例可以分优先级 （6）测试用例可以有评审的功能	（1）安装设置较烦琐 （2）编写测试用例必须按照一个步骤对应一个验证点的形式来编写
TestDirector	（1）和 Rational 测试工具结合 （2）Web 方式的界面 （3）有测试用例执行跟踪的功能 （4）有灵活的缺陷定制 （5）和自身的缺陷管理工具紧密集成 （6）界面较友好	（1）每个项目库同时在线人数有限制 （2）存在不稳定性
Excel	功能强大	维护较麻烦，统计、度量等也不方便
Word	很灵活，易于扩展	不如 Excel 格式统一，也不如 Excel 容易统计

7.6 测试工具特征

自动化测试工具具有如下的共同特征。

1. 支持脚本语言

支持脚本语言的函数库作为测试工具的最基本要求。程序即使作了修改,只需要更改原脚本中的相应函数,而不用改动所有可能的脚本,节省大量工作。

2. 支持对外部函数库

通过对外部函数的支持,如对 DLL 文件的访问、对数据库编程接口的调用获得强大的功能。

3. 对程序界面中对象的识别能力

测试工具必须能够将程序界面上的对象,如按钮、文本框、表单等进行区分并识别,从而使得录制的测试脚本具有良好的可读性、修改的灵活性以及维护的方便性。如果只是简单通过像素位置坐标区分对象,反而存在更多问题,例如界面稍微改变或者屏幕的分辨率、测试环境的改变,会导致原有的测试脚本无法使用。

4. 抽象层

在录制回放过程中,抽象层一般位于被测应用程序和录制生成的测试脚本之间,用于将程序界面中存在的对象实体映射成逻辑对象,从而使得测试针对逻辑对象进行,不需依赖界面的对象实体,减少测试脚本建立和维护的工作量。

5. 分布式测试的网络支持

互联网软件,如网络会议系统、远程培训系统、聊天系统等软件,一般都具有协同工作、相互通信等模式,支持多用户共同操作,这些软件的测试有如下要求。

(1) 测试工具进行测试时传输的数据量要小,具有独立性,避免被测软件影响。

(2) 按照设置的任务执行时间表进行,即在指定时间执行指定的测试任务。

(3) 当两个测试任务并发时,需要能保持协调或协同处理,避免出现资源竞争问题。

6. 图表功能

测试工具具有将测试结果生成一些统计报表,有利于测试人员的工作。

7. 测试工具的集成能力

测试工具的引入是一个长期的过程,伴随着测试过程改进的一个持续的过程。因此,测试工具应与开发工具进行良好的集成,并且也能够和其他测试工具集成。

7.7　如何选择测试工具

当前市场上的测试工具很多,每个测试工具在不同环境有各自的优点和缺点。如何选择最佳的测试工具,主要依赖于系统工程环境以及组织特定的其他需求和标准。因此,选择自动化测试工具应从以下几方面考虑。

(1) 测试工具的集成能力。

确定测试工具与系统的构架、编程环境等兼容性。

(2) 确定被测程序管理数据的方式。

了解被测试程序管理数据的方式,确定自动测试工具如何支持对数据的验证。

(3) 确定测试类型。

了解工具的测试类型,不同测试类型的测试工具功能差距较大。

(4) 确定项目进度。

测试工具是否影响测试进度。

(5) 确定项目预算。

根据成本/效益分析,确定所投入的总成本与获益之间的关系。

软件测试管理

软件测试管理就是通过专门的测试组织,运用专门的软件测试知识、技能、工具和方法,对测试项目进行计划、组织、执行和控制,建立起软件测试管理体系,确保软件测试在保证软件质量中发挥关键作用。

本章重点介绍测试过程改进、软件测试文档、人力资源、配置管理和软件质量等内容。

8.1 概　　述

软件测试系统主要由测试计划、测试设计、测试执行、配置管理、资源管理、测试管理6个过程组成。其中,测试计划、测试设计、测试执行在"软件测试流程"一章中讲解。测试配置管理作为软件配置管理的子集,作用于测试的各个阶段,其管理对象包括测试计划、测试用例、被测版本、测试工具以及测试环境和测试结果等。资源管理包括人力资源和测试所需的相关技术等管理。测试管理是指采用合适的方法对测试的流程和结果进行监视。

8.1.1　测试项目范围管理

测试项目范围管理就是界定项目所必须包含且只需包含的全部工作,并对其他的测试项目管理工作起指导作用,以确保测试工作顺利完成。

确定项目目标后,下一步就是确定需要执行哪些工作或者活动来完成项目的目标,需要确定包含项目所有活动在内的一览表。一般有如下两种方法。

(1)头脑风暴法。

测试小组根据经验集思广益,这种方法比较适合小型测试项目。

(2)WBS。

针对复杂的项目,往往需要工作分解结构(Work BreakDown Structure,WBS)。工作分解结构是将一个软件测试项目分解成易于管理的更多部分或细目,所有这些细目构成了整个软件测试项目的工作范围。

工作分解结构是测试项目团队在项目期间要完成或生产出的最终细目的等级树,组织并定义了整个测试项目的范围。

8.1.2 测试管理主要功能

1. 测试对象管理

测试对象包括测试方案的具体测试步骤、问题报告、测试结果报告等,主要是为各测试阶段的控制对象提供一个完善的编辑和管理环境。

2. 测试流程管理

测试流程管理是基于科学的流程和具体的规范来实现的,并利用该流程和规范严格约束和控制整个产品的测试周期,以确保产品的质量。整个过程避免了测试人员和开发人员之间面对面的交流,减少了以往测试和开发之间的矛盾,提高工作效率。

3. 统计分析和决策支持

在系统建立的测试数据库的基础上进行合理的统计分析和数据挖掘,例如根据问题分布的模块、问题所属的性质、问题的解决情况等方面的统计分析使项目管理者全面了解产品开发的进度、产品开发的质量、产品开发中问题的聚集,为决策管理提供支持。

8.2 测试过程改进

软件测试技术解决了测试采用的方法问题,测试管理保证了各项测试活动的顺利开展。软件测试过程改进主要着眼于合理调整各项测试活动的时序关系,优化各项测试活动的资源配置以及实现各项测试活动效果的最优化。

8.2.1 功能

测试过程改进是一项长期的、没有终点的活动,在实施测试过程改进时,应根据公司的战略目标确定测试部门的战略,将测试过程改进与公司战略目标相联系。

在研究过程中,组织的规划内容通常包括以下内容。

(1) 绘制远景:提升管理成熟度,提高测试生产率。

(2) 战略分析:根据软件成熟度模型适时进行评估,最终目标为 CMMI4。

(3) 优缺点评估:以内部改进为宗旨,使过程改进更符合组织的实际情况。

测试过程的改进对象应该包括三个方面:组织、技术和人员。

1) 组织

测试过程改进基于特定的组织架构建设,不良的组织设置对于过程改进起着不可忽视的错误的影响。

软件测试组织的不良架构通常表现在如下内容。

(1) 没有恰当的角色追踪项目进展。

(2) 没有恰当的角色进行缺陷控制、变更和版本追踪。

（3）项目在测试阶段效率低下、过程混乱。

（4）项目成了测试经理个人的项目，而不是组织的项目。

（5）关心进度，而忽视项目质量和成本。

因此，组织的改进应该使得测试从开发活动中分离出来，把缺陷控制、版本管理和变更管理从项目管理中分离出来。

2）技术

技术的改进包括对流程、方法和工具的改进，包括组织或者项目对流程进行明确的定义，应引入统一的管理方法。

3）人员

人员的改进主要是指对企业文化的改进，建立高效率的团队和组织。

8.2.2 方法

在改进的不同时期和阶段，选择的策略也不同，组织应根据实际情况进行选择。下面给出测试过程改进的一些策略方法。

1）实施制度化的同时建设企业文化

实施全面制度化的管理是过程改进的有效保障，制度和组织文化总是互相依存，没有良好的文化保障，制度化将困难重重；而没有制度的支撑，文化也将是无本之木。

2）引入软件工具

推行配置、自动化测试和缺陷跟踪等工具，将有效地分解事务性工作，可以缓解人力资源不足的困难。常见的过程管理方面的工具包括 Rational 公司的 ClearCase 等。

3）调整测试活动的时序关系

由于有些测试活动是可以并行的，有些测试活动是可以归并完成的，有些测试活动在时间上存在线性关系等，因此必须区分优化调整，控制测试进度。

4）优化测试活动资源配置

软件测试过程必然会涉及人力、设备、场地、软件环境与经费等资源，必须合理地调配各项资源给相关的测试活动，特别是人力资源的调配。

5）提高测试计划的指导性

测试计划确保测试大纲真正执行、用于指导测试工作，保证软件的质量。

6）确立合理的度量模型和标准

在测试过程改进中，测试过程改进小组应根据企业与项目的实际情况制定适合自己的质量度量模型和标准。测试过程改进随着测试过程的进行不断实践、不断总结、不断改进。

8.3 软件测试文档

测试文档是对要执行的软件测试和测试的结果进行描述、定义、规定和报告的任何书面或图示信息。

8.3.1　测试文档的类型

IEEE 给出软件测试文档分为测试计划、测试设计规格说明、测试规程规格说明、测试日志、测试缺陷报告和测试总结报告等。下面依次介绍。

1）软件测试计划文档

软件测试计划文档主要对软件测试项目以及所需要进行的测试工作、测试人员所应该负责的测试工作、测试过程、测试所需的时间和资源、测试风险、测试项通过/失败的标准、测试中断和恢复的规定、测试完成所提交的材料等做出预先的计划和安排。

2）软件测试设计规格说明文档

软件测试设计规格说明文档用于每个测试等级，以制定测试集的体系结构、通过/失败准则和覆盖跟踪。

3）软件测试用例规格说明文档

软件测试用例规格说明文档用于描述测试用例，包括测试项、输入规格说明、输出规格说明、预期要求和规程需求等。

4）测试规程

测试规程用于指定执行一个测试用例集的步骤。

5）测试日志

测试日志用于记录测试的执行情况不同，可根据需要选用。

6）软件缺陷报告

软件缺陷报告用来描述出现在测试过程或软件中的异常情况，这些异常情况可能存在于需求、设计、代码、文档或测试用例中。

7）测试总结报告

测试总结报告用于报告某个测试的完成情况，给出评价和建议。

8.3.2　测试文档的重要性

测试文档的重要性主要表现在如下几个方面。

1）验证需求的正确性

测试文件规定了用以验证软件需求的测试条件。由于要测试的内容可能涉及软件的需求和设计，因此必须及早开始测试计划的编写工作。不应在着手测试时才开始考虑测试计划。通常，测试计划的编写从需求分析阶段开始，到软件设计阶段结束时完成。

2）检验测试资源

测试计划不仅要用文件的形式把测试过程规定下来，还应说明测试工作必不可少的资源，进而检验这些资源是否可以得到，即它的可用性如何。

3）明确任务的风险

测试计划文档帮助测试人员分析测试可以做什么，不能做什么。了解测试任务的风险有助于对潜伏的可能出现的问题事先作好思想上和物质上的准备。

4）生成测试用例

测试用例的好坏决定着测试工作的效率，选择合适的测试用例是做好测试工作的关键。在测试文件编制过程中,按规定的要求精心设计测试用例有重要的意义。

5)评价测试结果

测试文件包括测试用例,即若干测试数据及对应的预期测试结果。完成测试后,将测试结果与预期的结果进行比较,便可对已进行的测试提出评价意见。

6)确定测试的有效性

完成测试后,把测试结果写入文件,这对分析测试的有效性甚至整个软件的可用性提供了依据。同时还可以证实有关方面的结论。

8.4　人 力 资 源

8.4.1　测试团队架构

软件测试团队组织管理,通俗地讲就是测试团队应该如何组建,图 8.1 给出了测试过程组织的框架图。

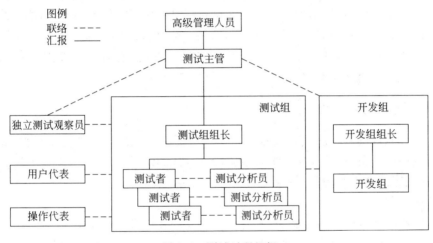

图 8.1　测试过程组织

1)测试主管

测试主管有权管理测试过程日常的组织,负责保证在给定的时间、资源和费用的限制下,测试项目产生满足质量标准的产品。测试主管负责与开发组联系,保证单元测试顺利进行,并与独立测试观察员联系,接收有关没有正确遵循测试过程的测试项目的报告。

测试主管向公司内的高级主管或领导报告,如质量保证主管或信息技术领导。在大的公司中,尤其对于那些遵循规范的项目管理过程的公司中,测试主管可以向测试程序委员会报告,该委员会负责把握测试程序项目管理的总体方向。

2)测试组组长

测试组组长负责为测试分析员和测试者分配任务,按照预定的计划监控他们的工作进度,建立和维护测试项目文件系统,保证产生测试项目相关材料(测试计划文档、测试规范说明文档),测试组组长负责产生这个文档,也可以授权测试分析员来完成这个文档。

测试组组长听取一个或多个测试分析员的测试报告。在验收测试时,测试组组长负责和用户代表、操作代表联系,以便有一个或多个用户来执行用户和操作验收测试。

3）测试分析员

测试分析员负责设计和实现用于完成自动化测试的一个或多个测试脚本,协助测试组组长生成测试规格说明文档。

在调试测试用例的设计过程中,测试分析员需要分析自动化测试的需求规格说明,以便确定必须测试的特定需求。在这个过程中,测试分析员应该优先考虑测试用例,以反映被确认特性的重要性以及在正常使用自动化测试中导致失败的特性的风险。完成测试项目后,测试分析员负责备份和归档所有的测试文档和材料。这些材料将提交给测试组组长进行归档。测试分析员还负责完成一份测试总结报告。

4）测试者

测试者主要负责执行由测试分析员建立的测试脚本,并负责解释测试用例结果,并将结果记录到文档中。

执行测试脚本之前,测试者首先要建立和初始化测试环境,其中包括测试数据和测试硬件,以及其他支持测试所需的软件。在测试执行过程中,测试者负责填写测试结果记录表格,以便记录执行每个测试脚本观察到的结果。测试者使用测试脚本对预期结果进行描述。完成测试以后,测试者还负责备份测试数据、模拟器或测试辅助程序以及测试中使用的硬件的说明。这些材料将提交给测试组组长归档。

8.4.2　测试团队阶段性

为了保证软件的开发质量,软件测试应贯穿于软件定义与开发的整个过程。因此,对于软件开发中的分析、设计和实现等各个阶段所得到的结果,都应进行软件测试。在不同的阶段,测试团队也不尽相同,体现了测试团队的阶段性。

1）需求分析阶段

需求分析规格说明是否完整、正确、清晰,是软件开发成败的关键。因此,为了确保需求的质量,应对其进行严格的审查。测试评审小组通常可由一名组长和若干成员组成,其成员包括系统分析员,软件开发管理者,软件设计、开发、测试人员和用户。

2）设计阶段

软件设计是将软件需求转换成软件表示的过程。主要描绘出系统结构、详细的处理过程和数据库模式。按照需求的规格说明对系统结构的合理性、处理过程的正确性进行评价,利用关系数据库的规范化理论对数据库模式进行审查。测试评审小组由下列人员组成:组长一名,成员包括系统分析员、软件设计人员、测试负责人员。

3）测试阶段

软件测试是软件质量保证的关键。软件测试在软件生存周期中横跨两个阶段。通常,编写出每个模块之后进行单元测试,之后需要对软件系统进行各种综合测试。测试评审小组包括组长一名,负责整个测试的计划、组织工作;以及具备一定分析、设计与编程经验的测试组成员,人数可随具体情况确定,一般为 3～5 人。

8.5　配　置　管　理

8.5.1　软件配置管理

软件配置管理(Software Configuration Management，SCM)是标志和确定系统中配置项的过程，在系统整个生命周期内控制这些项的投放和起动，记录并报告配置的状态和变动要求，验证配置项的完整性和正确性。

在 IEEE 610.12—1990 标准中，软件配置管理的描述则比较详细，包括以下内容。

(1) 标志：识别产品的结构、产品的构件及其类型，为其分配唯一的标识符，并以某种形式提供对它们的存取。

(2) 控制：通过建立产品基线控制软件产品的发布和在整个软件生命周期中对软件产品的修改。例如，确定哪些修改会在软件的最新版本中实现。

(3) 状态统计：记录并报告构件和修改请求的状态，并收集关于产品构件的重要统计信息。例如，修改这个错误将影响多少个文件？

(4) 审计和复审：确认产品的完整性并维护构件间的一致性，并确保产品是一个严格定义的构件集合。例如，确定目前发布的软件产品所用的文件的版本是否正确。

(5) 生产：对产品的生产进行优化管理，它将解决最新发布的产品应由哪些版本的文件和工具来生成的问题。

从以上定义可以看出，软件配置管理贯穿整个软件生命周期，对软件产品进行标志、控制和管理，它系统地控制对配置项的修改，以维护配置项的完整性、一致性和可追踪性。软件配置管理应包括版本控制、系统集成、变更管理、配置状态统计和配置审计等功能，其中版本控制是软件配置管理的主要思想和核心内容。

8.5.2　基本概念

软件配置管理有如下几个基本概念，包括软件配置项、基线和配置库。

1. 软件配置项

软件配置管理的对象就是软件配置项(Software Configuration Item，SCI)，有时简称为配置项。在软件开发过程中产生的文档、程序和数据都可以是配置项，例如需求规格说明书、设计规格说明书、源代码、可执行程序、安装包、测试计划、测试用例、测试数据、用户手册、项目计划等。另外，构造软件的工具和软件赖以运行的环境也应作为软件配置项来管理，例如操作系统、开发工具、数据库管理系统、编辑器等，这些工具和环境要与特定版本的软件产品相匹配，从而在任何时候都能够构造和运行软件的任一版本。

在软件项目进行过程中，要不断识别和标记软件配置项，以一定的目录结构保存在配置库中。对配置项的任何修改都应在软件配置管理系统的控制之下。

2. 基线

基线(Baseline)是一个配置项或一组配置项的集合，其内容已经经过正式的复审而被接受,因此可以作为后续开发工作的基础,并且只能通过正式的变化控制过程来改变。例如,在需求分析阶段结束后得到了软件的需求规格说明书,该需求规格说明书的内容经过了用户和开发者的联合评审而被接受,确定为基线,成为后续的软件设计和编码的依据,此时该需求规格说明书的内容就不能随意修改,否则对后续工作的影响太大。

基线通常代表了软件开发过程的各个里程碑,它标志着开发过程中一个阶段的结束,因此基线把各阶段的工作划分得更加明确,以便于检查和确认阶段开发成果。软件项目中常见的基线有项目计划、需求规格说明、软件设计说明、特定版本的源代码、测试计划和用例、可运行软件产品等。

3. 配置库

配置库用于存储软件配置项。对配置库的要求首先是安全可靠,要有访问权限控制,必须保证配置库中的配置项不被随意删除、修改,或被非法用户获取;其次是完整性,要保证各基线配置项的完整;再次,要能够对配置库方便地进行备份和恢复,在正常情况下,每隔一段时间(例如每日或每周)做一次备份,保证在出现异常时能方便地进行恢复。

软件配置项的多个版本都是集中存放在配置库中的,而要配置库存储每个配置项的各个版本的全部内容显然是无法接受的,对于计算机存储空间来说是巨大的浪费。因此,对于配置项的不同版本,实际的软件配置管理系统一般都采用增量存储的方法,即不同的版本只存储变化的部分。这种技术有两种方式,一种是前进法,存储初始版本的全部内容,其后续版本,则只存储与前一版本的差异;另一种是后推法,存储当前最新版本的全部内容,而对老版本,则只存储与其后一版本的差异。前进法是一种比较直接的技术,而后推法则比较快捷,效率较高,因为越新的版本,被访问的频率也就越高。

8.5.3 配置库的检入检出机制

配置库的检入检出机制是版本控制的基础,如图8.2所示。当一个团队开发软件时,为了保证各团队成员之间开发成果的同步性,需要设立一个公用的服务器,在此服务器中的公共存储空间中建立配置库,存储源代码等配置项。所有开发人员都通过网络从服务

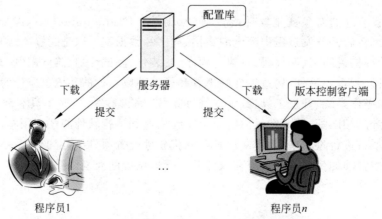

图8.2　团队开发的一般模式

器上的配置库中下载(即检出)相应的配置项,在本地计算机的工作空间中进行开发,然后把修改后的配置项再提交(即检入)到配置库中。配置库是由版本控制系统的服务器端工具来建立和管理的,而开发人员的本地计算机上则安装有版本控制系统的客户端工具。因此,通过版本控制,团队成员可以协调一致地工作。

版本控制系统中配置库的检入检出机制如图 8.3 所示。开发人员将所需文件从配置库中检出(check out)到本地机的工作空间里,当完成某一文件的修改后,再将此文件检入(check in)到配置库中,此时一个新的版本号将自动与此文件相关联。例如,修改前的文件版本号为 1.0,修改并检入后的版本号就变为 1.1。

图 8.3　配置库的检入检出机制

当有多人修改同一个文件,则配置库的检入检出机制通常使用以下两种方法防止修改互相冲突和覆盖。

第 1 种方法是"加锁-解锁"法,也称为串行方法。一个开发者在修改文件之前,配置库会将该文件加锁,其他人不能对它进行修改,直到该开发者修改完毕,将文件检入到配置库中时,再将文件解锁,其他人才能进行修改。这种方法的缺点是效率太低,因为不能由多人并行修改同一个文件。

第 2 种方法是"修改-合并"法,也称为并行方法。不同的开发者可同时修改某一文件,修改完成后,在某一合适的时刻进行合并,合并过程是由版本控制工具辅助完成的,而不是纯手工完成的。至于合并的时刻,对于不同的版本控制工具,可能是不同的,有的是在检入给配置库之前合并,有的是在检入给配置库之时合并,把它作为检入这一过程的一部分,还有的是在检入给配置库之后再合并。"修改-合并"方法由于效率较高,因此在实际的软件开发中使用得较多。

8.5.4　持续集成的测试

持续集成作为极限编程(Extreme Programming,XP)的十二个基本原则之一,是指以很高的频率进行系统集成工作,例如,每天以甚至更短的时间间隔执行一遍集成。持续集成能尽快发现和纠正配置库里源代码的问题,保证在绝大部分时间里配置库里的源代码是没有问题的,不对开发人员产生负面影响。

由于集成的频率很高,持续集成通常需要自动化工具的支持,将编译、链接、打包、部署和测试连贯地自动执行下来,并自动报告发现的问题。一般有以下几种处理方式。

方法 1:在集成工程师开始集成之时,先把配置库锁上,除非允许,否则禁止提交。如果集成过程中发现了问题,由相关人员修复,在取得权限后,把修复提交到配置库。直到集成完成产生基线后,再解锁配置库。该方法比较保守,可能会阻碍开发过程。

方法 2：在集成工程师开始集成之时，把配置库中要集成的分支（称为"集成分支"）锁上。如果在集成过程中有开发人员要提交，就开辟临时分支，让程序员提交到临时分支上。集成完成后，再把该分支上的内容合并回集成分支。

方法 3：集成工程师始终不锁集成分支。当集成遇到问题时，如果集成分支上已经有新的正常提交，就为本次集成开辟出一个临时分支，把为本次集成所做的修复提交到临时分支上，并在临时分支上产生基线，此后再把基线合并回集成分支。

方法 4：集成工程师始终不锁集成分支。当集成遇到问题时，即使集成分支上已经有新的正常提交，也把为本次集成所做的修复提交到集成分支上。当集成工程师再次编译构建时，不仅包括了为本次集成所做的修复，也包括了新的正常提交。本方法最为简便，但有一定的风险。

8.5.5　变更管理的作用

在软件开发和维护过程中，配置项的变更是无法避免的，对于变更的控制实现如图 8.4 所示。首先要设计一个实现变更的方案，这对于那些规模比较大的变更是尤其必要的，可能会包括需求分析和设计过程。然后从配置库中检出需要修改的配置项，具体实现变更。实现的变更必须经过测试人员和质量保证人员的测试和验证，被证明正确无误后，在配置管理人员的指导下，将配置项检入到配置库中，形成新的版本。

图 8.4　变更实现过程

在实现变更的整个过程中，变更执行人员、配置管理人员、QA 人员都应该对变更负责，并在表 8.1 所示的变更请求表上留有记录，因此该表能反映变更控制的全面情况。变更执行人员还应该在具体实现变更的模块代码或文档上留下反映变更情况的信息。

表 8.1　变更请求表

项目名	变更申请人	提交日期
变更内容		
变更原因		
变更影响分析		
紧急程度	重要程度	
CCB 决定		
变更实施责任人	变更日期	
递交 QA 日期	QA 决定	
递交 SCM 日期		

8.6 软 件 质 量

8.6.1 软件质量与测试

软件质量具有多种定义。ANSI/IEEE Std 729—1983 定义软件质量为"与软件产品满足规定的和隐含的需求的能力有关的特征或特性的全体"。CMM 对质量的定义是：①一个系统、组件或过程符合特定需求的程度；②一个系统、组件或过程符合客户或用户的要求或期望的程度。M. J. Fisher 定义软件质量为"所有描述计算机软件优秀程度的特性的组合"。

软件质量框架是一个"质量特征-质量子特征-度量因子"的 3 层结构模型。其中第 1 层称为质量特性，第 2 层称为质量子特性，第 3 层称为度量，如图 8.5 所示。

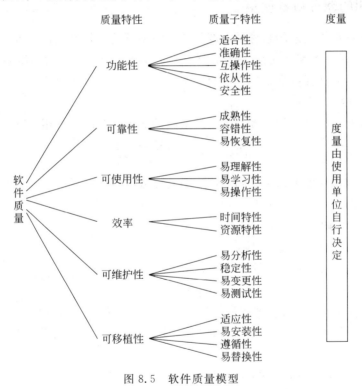

图 8.5　软件质量模型

软件质量评价的目的是为了直接支持开发并获得能满足用户要求的软件。最终目标是保证产品能提供所要求的质量，即满足用户明确的和隐含的要求。软件产品的一般评价过程是确定评价需求，然后规定、设计和执行评价。

影响软件质量的因素很多，如图 8.6 所示。

简单地理解，软件测试与软件质量具有如下关系。

（1）测试不能提高质量，软件的质量是固有特性，测试人员只能通过有赖于开发人员的努力。

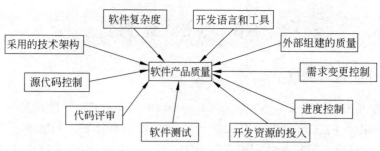

图 8.6　影响软件质量的因素

（2）测试人员的工作成果不能从软件的产品质量或软件的最终成果得到科学的评估。

8.6.2　常用的软件质量度量

成熟的软件组织会采用软件质量度量来定量地评价和控制软件质量。正如本章开头所述，软件质量是一个综合属性，不能用单一的度量指标来衡量，软件组织通常是根据具体需要和度量目的选择度量指标。下面介绍几个常用的软件质量度量指标。

1）缺陷密度

缺陷密度指单位规模的软件所包含的缺陷的数量。缺陷密度用以下公式计算。

$$缺陷密度 = \frac{已知缺陷的数量}{软件规模}$$

上式中的软件规模可以用代码行数或功能点数等方式度量。缺陷密度还可以进一步细化为更具体的度量指标，例如：

（1）每千行代码中的高级设计缺陷。

（2）每千行代码中的编码缺陷。

（3）每千行代码中的用户发现的缺陷。

2）平均失效时间（Mean Time to Failure，MTTF）

MTTF 指软件在失效前（两次失效之间）正常工作的平均统计时间，它常用来度量软件的可靠性。MTTF 度量常用于安全性要求较高的系统，例如航班监控系统、航空电子系统以及武器系统等。

3）平均修复时间（Mean Time to Reparation，MTTR）

MTTR 指软件失效后，使其恢复正常工作所需要的平均统计时间。MTTR 用来度量软件的可维护性。

4）初期故障率

指软件在初期故障期（一般以软件交付给用户后的 3 个月内为初期故障期）内单位时间的故障数。初期故障率用来评价交付使用的软件的质量，预测什么时候软件运行达到基本稳定。一般以每 100 小时的故障数为单位。

5）偶然故障率

指软件在偶然故障期（一般以软件交付给用户后的 4 个月以后为偶然故障期）内单位

时间的故障数。偶然故障率用来度量软件处于稳定状态下的质量,一般以每 1000 小时的故障数为单位。

8.6.3　质量评价三大体系

软件过程(Software Process)是指开发和维护软件产品的活动、技术、实践的集合。软件过程描述了为了开发和维护用户所需的软件,什么人(who)、在什么时候(when)、做什么事(what)以及怎样做(how)。

当前,软件过程的质量管理评估标准主要有三大体系:ISO 9000、CMM/CMMI 和 ISO 15504 等。

1. ISO 9000 系列

自从 1987 年 ISO 9000 族标准公布以来,已经成为全球最有影响的质量管理和质量保证标准。ISO 9000 族标准的制定和实施反映了市场经济条件下供需双方在进行交易活动中的要求。供方只要按 ISO 9000 族标准组织产品的开发和生产,并通过权威机构的认证,在产品质量方面就会赢得顾客的充分信任。需方在市场上选购产品时,更愿意选择通过质量认证的企业所生产的产品,从而减少质量的检验活动。

ISO 9000 系列标准原本是为制造硬件产品而制定的标准,不能直接用于软件制作。为了应用于软件企业,制定出 ISO 9000-3 标准,全称为“在计算机软件开发、供应、安装和维护中的使用指南”,其核心思想是软件产品的质量取决于软件生存期所有阶段的活动。ISO 9000-3 的要点包括以下几个方面。

(1) ISO 9000-3 标准仅适合于依照合同进行的单独的订货开发软件,不适用于面向多数用户销售的程序软件包。

(2) 对于包括合同在内的全部工序要进行审查,并要求一切文档化。

(3) ISO 9000-3 对合同双方的责任均作出了明确规定,需方应收集供方意见,归纳形成需方需求,详细传达给供方,才可能对供方提出实施质量保证的要求。

(4) 软件在完成设计编码后,测试和验收对提高软件质量是很有限的,必须建立质量保证体系,全面管理和控制软件生存期所有阶段的质量活动。

ISO/IEC 9126 是软件产品评估—质量特性及其使用指南纲要,作为确保质量的重要因素。ISO/IEC 9126 标准定义了 6 种质量特性,并且描述了软件产品评估过程的模型。ISO/IEC 9126 第 1 部分所定义的软件质量特性可用来指定客户及使用者在功能性与非功能性方面的需要。

ISO 9126(GB/T 16260)《信息技术软件产品质量》描述新的软件质量模型,修订成 4 个部分,如图 8.7 所示。

(1) ISO 9126-1:2001 第 1 部分:质量模型。

(2) ISO 9126-2:2003 第 2 部分:外部质量度量。

(3) ISO 9126-3:2003 第 3 部分:内部质量度量。

(4) ISO 9126-4:2004 第 4 部分:使用质量度量。

ISO/IEC 9126 软件质量模型是一种评价软件质量的通用模型,包括质量特性、质量

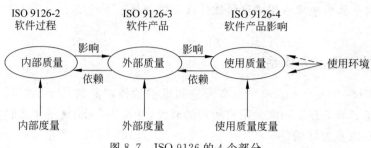

图 8.7　ISO 9126 的 4 个部分

子特性和度量指标 3 个特性。其中，质量特性包括功能性、可靠性、易使用性、效率、可维护性和可移植性。在质量子特性中，安全性子特性属于功能性；成熟性、容错性、易恢复性属于可靠性；易分析性、易改变性、易测试性、稳定性属于可维护性；适用性属于可移植性。

2. CMM/CMMI

1987 年 9 月，卡内基·梅隆大学的软件工程研究所为美国国防部开发了软件过程评估方法和能力成熟度模型 CMM。该模型有效地帮助软件公司建立和实施过程改进计划，用来定义和评价软件公司开发过程的成熟度，为提高软件质量提供指导。

CMM 为软件企业的过程能力提供了一个阶梯式的进化框架，该框架共有 5 级，分别是初始级、可重复级、已定义级、已管理级和优化级。第一级实际上是一个起点，任何准备按 CMM 体系进化的企业都自然处于这个起点上，并通过这个起点向第二级迈进。

1) 初始级

在这个阶段，软件开发过程表现得非常随意，偶尔会出现混乱的现象，只有很少的工作过程是经过严格定义的，开发成功往往依靠的是某个人的智慧和努力。此时的软件机构基本没有健全的软件工程管理制度，其软件过程完全取决于项目组的人员配备，具有不可预测性。人员变了过程也随之改变，软件过程是不稳定的，产品质量只能根据相关人员的个人工作能力而不是软件机构的过程能力来预测。

2) 可重复级

这一阶段已经建立了基本的项目管理过程。按部就班地设计功能、跟踪费用，根据项目进度表进行开发。对于相似的项目，可以重用以前已经开发成功的部分。针对所承担的软件项目，处于 2 级成熟度的软件机构已建立了基本的软件管理控制制度。通过对以前项目的观察和分析，可以提出针对现行项目的约束条件，软件机构已经制定了项目标准，并且能确保严格执行这些标准。软件项目的策划和跟踪是稳定的，已经为一个有纪律的管理过程提供了可重复以前成功实践的项目环境。软件项目工程活动处于项目管理体系的有效控制之下，执行着基于以前项目的准则且合乎现实的计划。

3) 已定义级

在这一阶段，软件开发的工程活动和管理活动都是文档化、标准化的，是被集成为一个有组织的标准开发过程，所有项目的开发和维护都在这个标准基础上进行定制。处于 3 级成熟度的软件机构，无论管理活动还是工程活动都是稳定的。软件开发的成本、进度以及产品的功能和质量都受到控制，而且软件产品的质量具有可追溯性。这种能力是基于在软件机构中对已定义的过程模型的活动、人员和职责都有共同的理解。

4）已管理级

这一阶段的软件过程是可度量的,软件过程在可度量的范围内运行。软件发布时间由事先确定的指标决定,软件没有达到目标之前不能发布。软件的开发在发生偏离时可以及时采取措施予以纠正,并且可以预期软件产品是高质量的。

5）优化级

这一阶段通过建立开发过程的定量反馈机制不断产生新的思想,采用新的技术来优化开发过程。处于 5 级成熟度的软件机构,可以通过对过程实例性能的分析和确定产生某一缺陷的原因防止再次出现这种类型的缺陷,对任何一个过程实例的分析所获得的经验教训都可以成为该软件机构优化其过程模型的有效依据,软件过程是可优化的。这一级的软件机构能够持续不断地改进其过程能力,既对现行的过程实例不断地改进和优化,又借助于所采用的新技术和新方法来实现未来的过程改进。

CMM 不同成熟度等级过程的可视性和过程能力如表 8.2 所示。

表 8.2　CMM 不同成熟度等级过程的可视性和过程能力

能力等级	特　　点	可视性	过程能力
初始级	软件过程是混乱无序的,对过程几乎没有定义,成功依靠的是个人的才能和经验,管理方式属于反应式	有限的可视性	一般达不到进度和成本的目标
可重复级	建立了基本的项目管理来跟踪进度、费用和功能特征,制定了必要的项目管理,能够利用以前类似的项目应用取得成功	里程碑上具有管理可视性	由于基于过去的性能,项目开发计划比较现实可行
已定义级	已经将软件管理和过程文档化,标准化,同时综合成该组织的标准软件过程,所有的软件开发都使用该标准软件过程	项目定义软件过程的活动具有可视性	基于已定义的软件过程,组织持续地改善过程能力
已管理级	收集软件过程和产品质量的详细度量,对软件过程和产品质量有定量的理解和控制	定量地控制软件过程	基于对过程和产品的度量,组织持续地改善过程能力
优化级	软件过程的量化反馈和新的思想和技术促进过程的不断改进	不断地改善软件过程	组织持续地改善过程能力

总而言之,根据软件生产的历史与现状,CMM 框架可用 5 个不断进化的层次来表达:其中初始层是混沌的过程;可重复层是经过训练的软件过程;已定义层是标准一致的软件过程;可管理层是可预测的软件过程;优化层是能持续改善的软件过程。

CMMI 包括软件工程、系统工程和软件采购等在内的模型集成,以解决除软件开发以外的软件系统工程和软件采购工作中的需求。CMMI 模型图如图 8.8 所示。

CMMI 纠正了 CMM 存在的一些缺点,消除了不同模型之间的不一致性和重复性,降低了基于模型改善的成本,指导组织改善软件过程,提高产品和服务的开发、获取和维护能力。

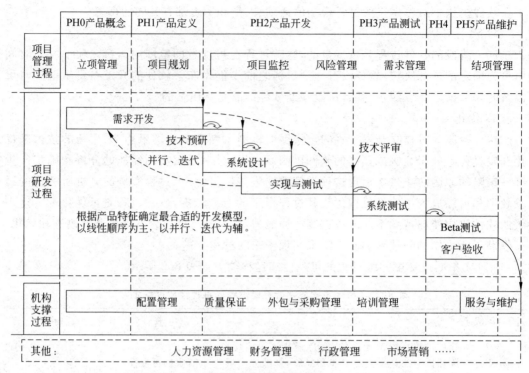

图 8.8　CMMI 模型图

　　CMM 和 CMMI 作为软件质量的保证措施,其目标是为提高组织过程和管理产品开发、发布和维护的能力提高保障,帮助组织客观地评价自身能力成熟度和过程域能力,为过程改进建立优先级以及执行过程改进,归根结底也是为了提高软件产品的质量。CMM/CMMI 的质量管理理念是"产品的质量在很大程度上取决于用以开发和维护该产品的过程的质量"。因此,CMM/CMMI 排行基于过程的软件质量管理,质量管理活动是CMM/CMMI 实施过程中的核心内容,质量保证、度量与分析、验证、确认、质量管理等过程域,无一不贯穿于整个 CMM/CMMI 的实施全过程。

　　实施 CMM/CMMI,有助于改进软件产品的质量、改进项目满足预定目标能力、减少开发成本和周期,降低项目风险,提高组织过程能力,提高市场占有率。实施不同等级的CMM/CMMI,对于按照每功能点来计算的软件缺陷率的降低具有显著作用。CMM/CMMI 基于过程的软件质量管理主要包括质量保证和质量控制两大方面。软件质量保证是由(相对)独立的质量管理人员在项目的整个开发周期中对项目所执行的过程和产生的工作产品进行监督和检查,确保其符合预定的要求。软件质量保证的目的是确保过程得到有效的执行,并推进过程改进,并就项目过程的执行情况和所构造的产品向管理者提供适当的可视性。软件质量控制是指为评价和验证已开发的产品而执行的活动和技术,包括验证产品是否满足质量要素的要求,以及产品(包括生命周期的工作产品)是否具有接受的质量。

　　软件质量控制采取的主要技术是软件测试,通过软件测试来验证产品是否符合技术文档预期的特性、功能和性能等要求,并识别产品的缺陷。

3. ISO 15504 过程评估

20 世纪 90 年代初,ISO/IEC 是国际标准化组织(ISO)和国际电工委员会(IEC)联合组建的第一个标准化技术委员会。它注意到软件过程改进和评估的重要性以及由于缺乏统一的国际标准给软件产业造成的困境,于 1993 年发起了制定 ISO/IEC 15504 系列标准的前期工作。项目名称是"软件过程改进和能力测定"(Software Process Improvement and Capability Determination),简称 SPICE。

SPICE 项目有以下 3 个主要目的。

(1) 为软件过程评估标准拟订草稿。

(2) 根据草稿进行试验。

(3) 努力推动软件产业界过程评估。

1994 年,SPICE 项目的基准文件出台。试验分 3 个阶段进行,第 1 阶段:1994 年—1996 年 9 月,主要目的是对文件的关键部分进行验证,包括过程管理模型、实施评估指南、评分过程需求、评估工具构建、选择指南。全球共有 35 个项目参加了第一阶段的试验。第 2 阶段:1996 年 9 月—1998 年 10 月,全球各地共有几百个项目参加了试验,目的是评价全部基准文件的实用性和一致性;评价过程管理模型能否体现软件工程和管理的基础实践;评价评估结果的可重复性;评价文件要求的正确性;评价过程能力测定指南的可使用性;评价过程改进指南的可使用性;评价在不同环境中评估框架的可移植性。第 3 阶段:1998 年 10 月至今,目的是验证 SPICE 的总体目标和标准的需求,由于 ISO/IEC 15504 技术报告(Technology report,TR)已经发布,本阶段 SPICE 试验的一个重要目的是为修改 ISO/IEC 15504 TR,将其上升为正式的国际标准提供依据。

参 考 文 献

[1] Wysopal C, Nelson L, Zovi D D, et al. 软件安全测试艺术[M]. 程永敬, 译. 北京：机械工业出版社, 2007.

[2] Jorgensen C P. 软件测试[M]. 韩柯, 杜旭涛, 译. 北京：机械工业出版社, 2007.

[3] Desikan S, Ramesh G. 软件测试原理与实践[M]. 韩柯, 李娜, 译. 北京：机械工业出版社, 2007.

[4] 马瑟. 软件测试基础教材(英文版)[M]. 北京：机械工业出版社, 2008.

[5] Myers J G. 软件测试的艺术[M]. 王峰, 陈杰, 译. 北京：机械工业出版社, 2006.

[6] 段念. 软件性能测试过程详解与案例剖析[M]. 北京：清华大学出版社, 2006.

[7] 董杰. 软件测试精要[M]. 北京：电子工业出版社, 2008.

[8] 贺平. 软件测试教程[M]. 北京：电子工业出版社, 2006.

[9] 宫云战. 软件测试教程[M]. 北京：机械工业出版社, 2008.

[10] 路晓丽, 葛玮, 龚晓庆, 等. 软件测试技术[M]. 北京：机械工业出版社, 2007.

[11] 宫云战. 软件测试[M]. 北京：国防工业出版社, 2006.

[12] 朱少民. 全程软件测试[M]. 北京：电子工业出版社, 2007.

[13] 教育部考试中心. 全国计算机等级考试四级教程：软件测试工程师. 2008 年版. 北京：高等教育出版社, 2007.

[14] 秦晓. 软件测试[M]. 北京：科学出版社, 2008.

[15] 佟伟光. 软件测试[M]. 北京：人民邮电出版社, 2008.

[16] 古乐, 史九林. 软件测试案例与实践教程[M]. 北京：清华大学出版社, 2007.

[17] 蔡为东. 软件测试工程师面试指导[M]. 北京：科学出版社, 2007.

[18] 陈文滨, 朱小梅, 任冬梅. 软件测试技术基础[M]. 北京：清华大学出版社, 2008.

[19] 刘怀亮, 相洪贵. 软件质量保证与测试[M]. 北京：冶金工业出版社, 2007.

[20] 周伟明. 软件测试实践[M]. 北京：电子工业出版社, 2008.

[21] 许育诚, 王慧文. 软件测试与质量管理[M]. 北京：电子工业出版社, 2004.

[22] 赵斌. 软件测试技术经典教程[M]. 北京：科学出版社, 2007.

[23] 韩万江. 软件工程案例教程[M]. 北京：机械工业出版社, 2009.

[24] 郁莲. 软件测试方法与实践[M]. 北京：清华大学出版社, 2008.

[25] 全国计算机等级考试新大纲研究组. 全国计算机等级考试考纲 考点 考题透析与模拟(2009版)：四级软件测试四工程师[M]. 北京：清华大学出版社, 2009.

[26] 韩为, 王勇. 全国计算机等级考试考纲 考点分析 题解与模拟：四级软件测试四工程师[M]. 北京：电子工业出版社, 2009.

[27] 51Testing 软件测试网[EB/OL]. [2017-03-19]. http://www.51testing.com/html/index.html.

[28] 全国计算机软考软件评测师考试[EB/OL]. [2017-03-19]. http://www.examda.com/soft/zhongji/pingce/.

[29] 泽众软件[EB/OL]. [2017-03-20]. http://www.spasvo.com/.

[30] 软件评测师考试吧[EB/OL]. [2017-03-20]. http://www.exam8.com/computer/spks/rp/.